BASIC ITEM

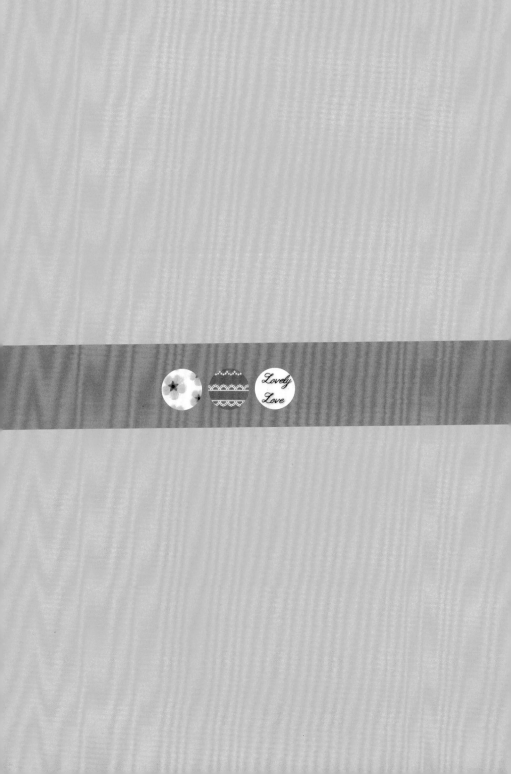

Basic Nail Care and Nail Art

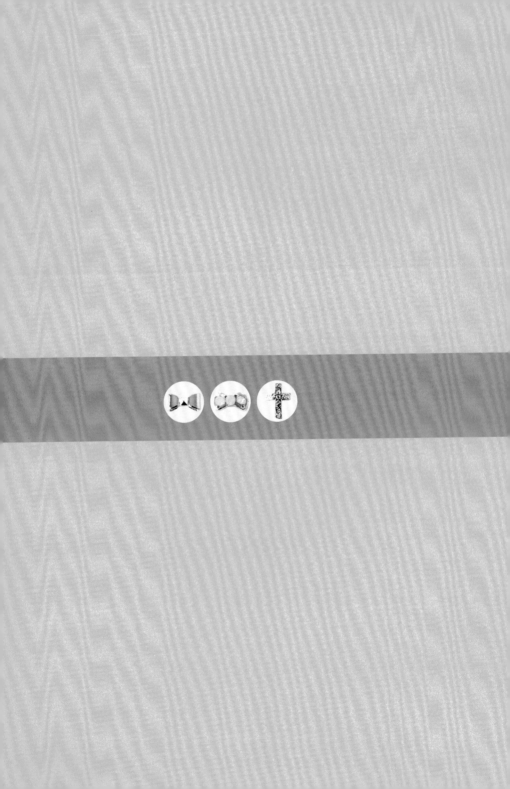

自學
OK!

初學者的
第一本美甲教科書

Basic Nail Care and Nail Art

監修◎兼光アキ子

以本書增添
指甲彩繪の樂趣

美甲文化於日本落地生根，已有多年歷史。至今美甲已逐漸成為平易近人的存在。不僅價格合理的美甲沙龍越來越多，自行美甲的人也變多了！

然而在缺乏專業訓練的情況下進行美甲作業，卻也潛在著嚴重的危險性。為此，我們不能抱持著「反正作著作著自然就會了，沒問題！」的心態，而是該從美甲的基本觀念重新學起，讓自己精益求精。

實現腦海中所描繪的「完美指甲」吧！

本書除了講解指甲保養和彩繪的基本觀念之外，還會介紹一些美甲小重點，以及關於指甲疑難雜症的解決之道。

學美甲最棒的地方在於，美甲技術進步的同時，幸福感受也會加倍提昇。學習美甲並不是為了別人，而是單純為了自己。利用忙碌生活的餘暇之際，專注面對自己的指甲，盡情享受奢侈的這一刻吧！

指甲保養及指甲彩繪的技術日新月異，工具也不斷推陳出新。衷心希望各位能利用本書學習到使用方式的訣竅，打造專屬您的美甲生活。

兼光アキ子

目　錄

自行美甲的4大注意事項

1　必需消毒工具　美甲前後都要消毒工具，請使用專門工具進行吧！

2　必需消毒手指　保養和上色指甲前，都該使用酒精或是市售的消毒液消毒所有手指。

3　實行乾保養　建議在塗抹凝膠前進行乾保養，預防黴菌和細菌在指甲繁殖。

4　保持環境通風良好　使用高度揮發性和易燃的溶劑時，應先開窗戶等保持通風良好再進行。

※本書主要使用的「Presto」凝膠為專業美甲品牌。　※本書所使用凝膠，由於製造商不同，所以底層凝膠有時亦會稱為透明凝膠。　※印刷色彩與實際色彩難免會有色差，敬請留意。　※有關本書作業方向的記述，會將圖片內的「右」，記載為「左」。

COLUMN

活用各種配件，盡情享受美甲樂趣　74

思考適合自己的指彩配色吧！　96

學會熟練操作美甲機後，其實非常安全！　146

成為美女的第一步，
從打造纖纖玉指開始

Introduction to Nail Care and Nail Art

在進行指甲保養 & 指甲彩繪之前，
先來學習美甲普及全球的歷史，
以及指甲構造、指甲形狀的基礎知識吧！
首先，就從仔細審視自己的指甲開始。

指甲保養＆美甲藝術史

美甲的
歷史起源

美甲的歷史源自古埃及時代
至於對指甲產生審美意識，始於19世紀

大家現今樂在其中的美甲，歷史源自於古埃及時代。當時使用散沫花的植物汁液作為染料，將指甲染成彩色，並視為是化妝的一部分。學者推測，那個時期的美甲，具有強烈的巫術含意。此外，指甲色彩是身分地位的象徵，國王和王妃的指甲為深紅色，至於其他身分的人只容許塗抹淡色。

到了古希臘的羅馬時期，衍生了「Manus Cure」一詞。「Manus」是拉丁語的「手」，而「Cure」則代表「呵護」。此外，「腳」的拉丁語為「Pedis」，後來就變成現今手部保養（Manicure）和足部保養（Pedicure）的語源。

古埃及時代以散沫花的植物汁液作為染料使用。

據說當時的希臘女性崇尚健康美，因此當時盛行的手部保養以保養為主，而非上指彩。至於中世紀歐洲的美容院，也會以乳霜來保養指甲。

直到19世紀，一般女性終於也開始講究儀容而進行美甲保養。當時流行以蜜蠟和油等材料作為研磨劑，再以皮革把指甲磨成粉紅色。此時美甲師這個職業也應運而生。

另一方面，中國自古以來就有「上指彩」的習慣，連在遊牧民族女性之間，塗指甲也是很稀鬆平常的事。在宮廷之間，指甲長度也是象徵身分的重要因素。當時使用蜜蠟、蛋白、明膠、阿拉伯膠等材料製作染料，據說早在公元前900年，就會將指甲塗成金色和銀色，並擁有西方18世紀製作假指甲的高度技術。此外慈禧太后的畫像中，其小指和無名指就配戴著翡翠長指甲，由此可見當時地位尊貴的男女，有將小指和無名指的指甲留長的風俗。據推測長指甲是代表不必動手作事，身分高貴的證據。

接著20世紀前半，為了維持指甲的亮澤，手部保養專用的清漆登場。1923年，基於開發汽車塗料用速乾漆的契機，指甲漆以副產品之姿，於1932年問世，也就是我們現代使用的指甲油。1970年代，好萊塢的彩妝造型師團隊開發出水晶指甲，以及以牙醫補牙的琺瑯粉所製作的延甲（意指人工指甲，也稱作Extension），美甲沙龍店也猶如雨後春筍般迅速擴散開來。

指甲與手、臉、身體皆視同為上色部位，所以被塗抹成彩色。被挖掘出來的木乃伊指甲上，被發現殘留著用來染色的散沫花汁液，據傳有巫術上的含意。

日本的美甲文化源於飛鳥時代
深受女性喜愛的指彩顏色，自古迄今都是「紅色」

在日本，從奈良・飛鳥時代開始，就有把指尖塗成紅色的習慣。據說當時被視為是化妝的延伸，感覺像是裝飾品。由於古代日本人相信，世間萬物都是神所創造出來的，所以會利用聲稱有靈體寄宿的藥草，製作成指甲的染料。到了平安時代，因為妓女也偏愛作宮廷婦女的妝容打扮，所以使化妝擴及到低層階級。女性之間也會將鳳仙花和酸漿的葉子揉捻在一起，進行把指甲染成紅色的「爪紅」（Tsumakurenai），將鳳仙花當成指甲油替指甲上色。這也是鳳仙花的別稱「爪紅」的由來。

江戶時代，紅花染色指甲技術從中國傳來日本後，曾盛行將嘴唇塗紅的「口紅」。根據當時的文獻記載，人們會將鳳仙花的紅色花瓣放入杯中，以骨頭製成的專用針塗抹指甲。

和染色指甲的「爪紅」。

● 美甲的歷史&發展

古埃及時代	指甲與手、臉、身體皆視同為上色部位，所以被塗抹成彩色。被挖掘出來的木乃伊指甲上，被發現殘留著用來染色的散沫花汁液，據傳有巫術上的含意。
↓	
希臘羅馬時代	古希臘衍生出「Manus Cure」（手部保養）一詞，流行於上流階級。當時希臘女性崇尚健康美，被視為手的美容護理而廣為流傳。
↓	
中世紀·文藝復興時代	隨著藝術與文化的發達，舞台藝術也達到顛峰。芭蕾的出現，讓化妝及指尖的演出也應運而生，美甲技術也很發達。當時的美容院，會以乳霜來保養手部。
↓	
近代·19世紀	由於歐美女性講究儀容，美甲開始普及。當時盛行以蜜蠟、油當研磨劑，以皮革將指甲摩擦出自然光澤，美甲師這個職業也因應而生，奠定了美甲的地位。
現代（日本&海外）	為了汽車塗料開發出速乾性油漆後，到了1923年，指甲油也以附屬產品之姿問世。1970年代，以牙醫補牙用的水晶琺瑯粉製作的延甲開始流行。日本則是在1970年代後半，從美國引進美甲的技術和商品，以美甲技術為職業的專業美甲師以及美甲沙龍蓬勃發展，變成平易近人的存在。

明治時代手部保養的技術從法國傳來日本後，被日本人稱為「磨爪術」，邁入昭和時代後才普及到一般女性。到了1970年代，手部保養在美國西海岸掀起流行，日本也延續這股潮流，美甲沙龍在經過報導介紹後，也逐漸被納入日本美容院的服務項目之一。

目前在日本，令顧客能放鬆休息作美甲的美甲沙龍店逐漸成為主流。

專業美甲師・美甲沙龍的普及化＆DIY凝膠美甲的風潮

1970年代，美國的美甲文化領先全球並傳遍全世界。以人工指甲為首的美甲藝術掀起風潮，全世界紛紛開起美甲沙龍店。日本將指甲修飾師（Manicurist）稱為美甲師（Nailist）。接著在1985年日本成立了美甲師協會，美甲師這個職業獲得一般大眾的認可。1990年代美甲專門刊物接二連三發售，美甲開始普及於民間，並在2000年掀起凝膠指甲的風潮。在那之前，美甲沙龍店是以用水晶琺瑯粉製作的延甲為主流，但由於凝膠指甲不僅輕便，對真甲的負擔也小，因此美甲沙龍店後來紛紛以凝膠指甲來取代水晶指甲。到了2006年，日本美甲師協會NPO法人化，加上日本人獨特的靈巧和細緻，終於衍生出了媲美世界級的頂尖美甲技術和彩繪藝術。如今美甲商品繁多，價格親民的道具也相當豐富，因此越來越多的人，會在自家DIY凝膠指甲。然而，在彩繪藝術門檻降低的同時，因不純熟的技術引發的美甲問題相對變多，也是不容忽視的現況。所以希望大家培養正確的知識和習慣，深入了解指甲，這樣才能快樂徜徉在美甲的世界中。

認識指甲構造

指甲各部位的
構造&名稱

記住指甲各部位的功用，
深度了解指甲吧！

指甲及周圍的組織，都有正式的名稱。許多人想成為美甲師，卻只知其名而不知其用，請確實理解每個指甲部位的功用吧！像是「指緣甘皮用來保護指甲的部分」等。當發生指甲產生變薄等狀況，通常是因為凝膠指甲及美甲技術或是保養方式不當所引起的。為避免影響到指甲日後的生長和形狀，請務必確實弄清楚指甲各部位的功用何在。此外，指甲的狀況也會因為身體狀況而產生變化，為了自己指甲的健康，務必要先理解指甲的構造。

● 指甲的名稱&功用

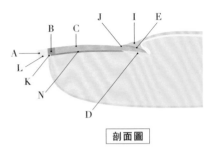

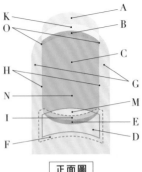

剖面圖　　　　　正面圖

A	**Free Edge**（指甲前緣） 指甲的尖端部分。由於水分含量少，外觀呈現不透明貌。一般會打磨本部位來改變指甲長度。	
B	**Yellow Line**（游離緣） 避免指甲板與指甲床分離的帶狀組織。	
C	**Nail Plate**（指甲片） 一般被稱作「指甲」的部分。厚度約0.3至0.8mm左右。由堅硬的角蛋白（蛋白質）所組成，用途為保護指尖。	
D	**Nail Matrix**（指甲基質） 是製造指甲板的重要部分。有血管及神經通過。一旦本部位受損後，易導致新生指甲變形。	
E	**Nail Root**（指甲根部） 被指甲後廓部覆蓋住，位於皮膚下方的指甲板根部。	
F	**Nail Fold**（指甲後廓部） 用來固定指甲板的皮膚。	
G	**Side Wall**（指甲壁） 位在指甲板的左右端，被皮膚所覆蓋的部分。	

H	**Side Line**（指甲側緣） 指甲板左右兩側邊緣。
I	**Cuticle**（指緣甘皮） 本部位是用來保護生長的指甲，並覆蓋指甲後廓部，防止細菌及其他異物的侵入。
J	**Loose Cuticle**（甲上皮角質） 附著於指甲板的角質，衍生自指緣甘皮。
K	**Hyponychium**（指甲下皮） 位於指甲板的下方，防止細菌和其他異物侵入的皮膚。
L	**Loose Hyponychium**（指甲下皮角質） 附著於指甲前緣內側的角質，衍生自指甲下皮。

M	**Half Moon**（指甲半月） 又被稱作Lunula，是指甲板根部看到的半月狀部分。是沒有被指甲後廓部覆蓋的新生指甲基質，所以特徵為水分含量多。
N	**Nail Bed**（指甲床） 指甲板下方的平台部分，內有血管。指甲板是靠指甲後廓部被固定於指甲床上。
O	**Stress Point**（負荷點） 游離緣和指甲側緣的銜接點。因為對指甲施壓，往往容易從這裡出現折斷或裂開等情況。

Nail Column　　對於指緣甘皮要細心呵護！

　　指緣甘皮（I）的用途為保護指甲基質（D）。指甲基質為指甲的核心，是相當重要的部位。要勤於按摩和保養指緣甘皮，促進指甲成長。由於該組織損傷後就無法再生，因此要小心避免指緣甘皮被擠傷。

各種指甲形狀

與生俱來的指甲形狀＆護理

追求與天生指甲形狀相配的款式吧！

打磨變長的指甲前，不妨先好好觀察自己的指甲吧！指甲有各式各樣的形狀，像是圓指甲、小指甲、或指甲前端趨於寬大的指甲等。雖然指甲形狀和厚度，絕大部分是取決於遺傳，但也可藉由定期的護理，擁有既美麗又健康的指甲。指甲太小不僅難作造型，甚至為此感到自卑的也大有人在。不過趁剛洗好澡指緣甘皮變軟之際，慢慢地推整變軟，有機會讓指甲逐漸形成自然的拱型。然而，錯誤的方式有時會招致指甲受傷，因此建議大家務必按照正確程序進行，或是交給美甲沙龍來護理。

● 常見的指甲形狀&
適合的設計

沒有人能保證指甲絕對會變成理想的形狀。原本的指甲形狀要達到完全勻稱的程度有些困難，請藉由定期的護理，慢慢將指甲打造成自己理想中的形狀吧！活用指甲形狀的特徵，採用與之適合的設計，也是另一種選擇。

適合成熟韻味彩繪的指甲形狀

梯形　　　直長形　　　細長形

適合俏皮可愛彩繪的指甲形狀

方形　　　扇形　　　短小形

適合走個性風彩繪的指甲形狀

橫短形　　　倒三角形

杏仁形　　　外翹形

此外，指甲是由蛋白質構成，所以飲食習慣也很重要。在日常生活也要留意多攝取優質的蛋白質。

修剪指甲的重點在於，要依照每個人天生的指甲形狀，挑選適合的款式。像是短小甲的人若想修剪成蛋形，反而容易把指甲剪太深。還有像是方形、圓形或是蛋形等指甲形狀，也各自有速配的生活風格，所以當腦海湧起「想修成時下流行的款式」或「想選擇可愛設計」等念頭的同時，也該把自己的生活風格一併納入考量。對於自己指甲形狀感到自卑的人，雖然也可修甲成自己理想的形狀，不過能善用自己指甲的特徵，享受彩繪的樂趣也是一種本事。也許您能從原來的自卑中發掘出嶄新的魅力呢！

第 1 章

指甲保養

Nail Care

想要指甲無時無刻保持在美麗的狀態，

日常生活的護理不可少。

從磨棒和木推棒開始學會美甲用品的正確用法，

維持指甲的燦爛美麗吧！

指甲保養的基本觀念

兩種保養方式

重點在於配合護理的目的，
選擇適當的使用方法

　美甲護理大致分成濕保養和乾保養兩種。所謂濕保養，就是以熱水將指尖浸泡到變軟後，再推整指緣甘皮。反過來說，在避免水分滲入指甲的情況下推整指緣甘皮則稱為乾保養。濕保養普遍給人「緩慢」的印象，而乾保養則是「迅速」。由於指緣甘皮經軟化後會較好推整，就安全性而言，濕保養絕對優於乾保養。無論是純粹以「保養」為出發點，還是從指甲的健康層面來考量，都建議您採用濕保養。

　不過，若您是在美甲沙龍進行上凝膠的前置作業時，就建議您選擇乾保養。

濕保養不但令人心情放鬆，對於指甲健康的效果也優於乾保養。

原因是將凝膠覆蓋到乾燥的指甲上，有助於凝膠的持久性。再者，凝膠遇到水分會難以固定從指甲上剝離，所以也只能選擇乾保養。然而在指甲乾燥的情況下，勉強上推指緣甘皮，有時會對指甲基質造成傷害，因此一定要先學會正確的知識後，再來施行乾保養。

看了以上敘述，難免令人疑惑濕保養後就不能上凝膠嗎？但事實並非如此。因為水分會隨著時間流逝，所以只要事前塗抹上ＰＨ平衡劑，使指甲確實乾燥後就能上凝膠了！不妨於自家放鬆的ＤＩＹ光療指甲時，花點時間進行濕保養後，再塗抹凝膠。

至於保養的收尾作業，無論乾保養還是濕保養，只要確實按照每個步驟進行，作法都大同小異。但最重要的還是學習正確的知識，小心謹慎的進行保養，維持指甲的健康。

指甲容易乾燥時，
可以一邊擦乳霜一邊進行保養

　　濕保養就是將指尖浸泡在溫水內，讓指甲經過水分滋潤後進行。以溫水浸泡手指約3分鐘，等指甲呈現恰到好處的柔軟時，再以木棉棒和金屬推棒等工具上推指緣甘皮。但水分過沒多久就會流失，一旦指緣甘皮變硬，就要將指尖再度浸入溫水中。儘管水分很容易流失，但也不能把指尖長時間浸泡於水中。一旦泡水過久，水分就會滲透到指甲內，在此狀態下進行美甲，會導致凝膠無法固定。身處在像房間等水分容易流失的乾燥場所進行保養時，一邊塗抹保濕乳霜一邊進行保養也是一種方法。也建議使用棉花和紗布等用品，替指甲慢慢補充水分。

　　當指甲保養完畢後，要塗抹指甲油或凝膠時，請耐心等待指甲乾燥，再擦上ＰＨ平衡液徹底去除掉油分和水分。

| 甘皮剪 | 紗布 | 櫸木棉棒 | 一盆溫水 | 指緣甘皮軟化劑 |

軟化指緣甘皮

STEP 1

3

2

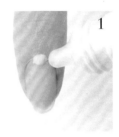

1

浸泡溫水

軟化劑塗抹均勻後，將指尖放入溫水中浸泡3分鐘。

均勻塗抹指甲根部

以拇指指腹將軟化劑均勻塗抹在指甲根部的指緣甘皮上。

塗抹軟化劑

把約1粒米大小量的指緣甘皮軟化劑，塗抹在指甲根部。

去除甲上皮角質

STEP 2

6

5

4

以甘皮剪修剪

以甘皮剪修剪掉長出來的倒刺。 要在避免拉扯倒刺情況下， 從根部開始修剪。

去除甲上皮角質

以紗布纏繞住拇指後沾水，從指甲壁內側開始確實清除甲上皮角質。

上推指緣甘皮

指緣甘皮軟化後，以櫸木棉棒往上推。

乾保養
Dry Care

配合當下的目的改變收尾方式

所謂乾保養並非完全不會使用水。為軟化指緣甘皮，在保養過程中，還是會以紗布和棉花棒慢慢補充水分。若將保養視為是上凝膠的前置作業時，就要慎防肉眼看不見的油分滲入指甲。比方說保養完畢後，一旦觸碰臉和頭髮，油分就會沾染到指甲上。為避免這種情況發生，還是建議大家在保養時塗抹ＰＨ平衡液，徹底清除指甲外面的油分，作好收尾作業。

有些人會因為沒時間、嫌麻煩等理由，直接向上推整未經軟化的指緣甘皮，導致指甲正面形成橫紋。此外，強行掀開指緣甘皮，也潛在著失手或是將指緣甘皮推擠過度的風險。

乾保養比濕保養需要留意的點在於，指緣甘皮沒有充分被泡軟，因此不能用力推擠。若是自行操作儀器，請儘量把儀器設定成感覺舒服的強度。如果對儀器不熟悉，一開始先設定弱震動，再慢慢地增加強度。上推好指緣甘皮後，以濕紗布纏繞手指將甲上皮角質徹底清理掉。指甲保養相當重要，因此不能急躁，要慢慢來。

乾保養的準備工具

指緣油　　　磨砂棒　　　甘皮剪　　　紗布　　　金屬推棒　　　酒精
　　　　　　（180G）

STEP

去除指緣甘皮 1

以紗布清理甘皮

以紗布纏繞大拇指後沾水，確實清理甲上皮角質。

以金屬推棒推整

將推棒貼在指甲根部，往上推指緣甘皮。指甲的直角要以圓頭部分來輕推。

噴酒精

於指甲根部噴上酒精。酒精除了能殺菌，也帶有保水的效果。

STEP

調整指甲形狀＆狀態 2

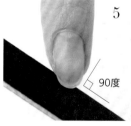

90度

以指緣油保濕

將指緣油滴在指甲根部，以拇指指腹抹勻作好保濕。

修磨指甲長度

以磨棒修磨指甲長度。磨棒與指甲要保持90度垂直。

以甘皮剪修剪

以甘皮剪修剪倒刺。要在避免拉扯倒刺情況下，從根部開始修剪。

指甲保養的必備工具有哪些？

保養指甲的
必備用品

依照個人程度，
慢慢把工具買齊吧！

許多人一旦打算開始保養指甲時，都會有「必需事先將大量工具備齊」的迷思。

但其實指甲保養最基本的必備工具，絕大部分都是手邊現有的工具。使用像棉花棒、棉花、濕紙巾等平常就在用的材料就已足夠，例如想清潔足部廢質時，以牙籤代替木推棒也沒關係。在知識和技術不足的情況下，專業工具反而派不上用場。再者，勉強使用有時會導致非預期的麻煩。建議在指甲保養駕輕就熟後，依照個人程度把工具買齊。不過即使是一隻筆，品質好壞也有明顯差異，使用好的工具有助於提昇技術，所以若感覺到自身技術超過一定程度，就可以購買更好的工具。

指甲保養不需使用
特殊工具，以手邊
現有的物品來代替
即可。

建議挑選有專屬生產線的廠商，所推出的同系列產品

　　基本而言，指甲工具是指於保養完畢後，依照自己「打算作什麼」而需要備妥的工具。像是保養後想修甲就要磨棒，想拭去指甲的油分就要使用專用的溶劑。若想在保養的最後階段塗抹指甲油，當然也可自由挑選喜歡的品牌，但換作凝膠指甲時，底層凝膠和彩色凝膠，最好使用同一家廠商指定生產線所生產的產品。這點也是業界的共同規則。產品的生產線不同，除了品質會參差不齊之外，萬一出事更無法獲得廠商的保障。此外每個廠商的產品特徵也不盡相同，請配合個人需求挑選產品，例如「想維持指甲健康」、「希望彩色凝膠快速凝固」、「會黏牢固定於指甲」等。只想單純保養指甲，不打算在保養完畢後塗抹指甲油或凝膠者，不必非得塗抹含特殊成分的油，也可拿手邊現成的物品，像是自己喜歡的市售護手霜等來代替。

指甲保養的基本工具

不需要一次買齊，建議配合自己的程度，
循序漸進的將工具買齊。

必備工具

只有下列工具是最初要備妥的工具，
有些也可以用自家現有物品來代替。

海綿磨棒

由於海綿可以分散壓力，是適合磨粗甲面的磨棒。本書所使用的，是係數為100至120的磨棒。

磨砂棒

雙面磨砂顆粒粗細相同的磨棒。用來修磨指甲的長度和形狀。建議挑選180G（GRID係數）的產品。

拋光棒

將指甲磨亮的專用磨棒，海綿會吸收壓力。先以正面磨平甲面，最後以背面拋光指甲。

磨棒

依顆粒粗細和材料的不同而種類繁多，請依照需求來挑選。

紗布

主要用途為去除指甲保養時的甲上皮角
質，也可用來代替抹布或是卸甲棉片。
記得要經常保持清潔。

棉花

也就是脫脂棉。除了用來沾取凝膠清潔
液或酒精之外，還能捲在木推棒上，用
途相當廣泛。

金屬推棒

將指緣甘皮往上推的金屬材質推棒。

粉塵刷

用來清理修甲或是拋光所產生的粉塵。
也有材質蓬鬆的刷毛等，種類豐富。

碗

進行濕保養時，將指尖浸泡在溫水時的
工具。只要能讓手指能放進去的大小都
可以，也可用自家的裝水容器等來替
代。

甘皮剪

用來剪掉指甲倒刺。使用不當會傷害到
皮膚和指甲，使用時要特別小心。

有了會更方便的工具

等稍微熟練點後，可試著將這些工具備齊。
相信會讓保養的技術更上一層樓。

棉花棒

進行細部作業時使用相當方便。對於指
甲油上色或卸除、指甲修補也超級好
用，使用自家現成的棉花棒也OK！

木推棒／櫸木棉棒

木推棒不管是用在指甲保養還是美術
上，都是很方便的工具。只要將棉花捲
在木推棒上，就變成櫸木棉棒了！

酒精噴霧

開始進行保養時，進行滋潤消毒的液
體。由於酒精呈現噴霧狀，因此分量很
好控制。

陶瓷推棒

這種推棒兼具金屬推棒和磨棒的功用。
建議和金屬推棒（P27）並用。

指緣軟化霜

滋潤指緣甘皮，讓指甲健康成長。於保
養的收尾階段使用。

指緣油

為指緣甘皮提供保濕和營養的專用油，
有筆型和瓶裝附刷頭的類型。

專業級工具

需要用到以下工具，就代表即將是專業級了！
配合進步程度購買用品，也會增強學習的動機呢！

定量分液瓶

打開瓶蓋推整，就會擠出適量的瓶子，
瓶內可裝凝膠清潔液或卸甲液等。

海綿巾

這種海綿材質的毛巾，能吸收的適當水
分。由於一擰就乾隨時可用，因此是美
甲沙龍店的愛用品。

鋁箔紙

美甲專用的鋁箔紙，用於凝膠卸甲或當
成美甲調色盤。拿烹飪用鋁箔紙也可
以。

美甲墊巾

鋪在桌上的拋棄式墊巾。正面吸水性
佳，反面則防水，能夠確實防止凝膠和
丙酮沾染到桌面。

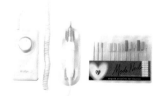

美甲儀器&磨頭

依照保養或前置作業等使用目的更換磨
頭的機器。由於操作上有難度，需要具
備一定程度的技術。

手提箱

擺放美甲工具的提包。內附隔板，即便
是粉塵刷和指甲油也能收納整齊。攜帶
也方便。

修甲的基本觀念

先來了解修甲的
含意吧！

欲修剪指甲的長度和形狀時，您是否會不自覺地拿起指甲刀直接剪斷指甲呢？但光是用「指甲刀」剪指甲，會帶給指甲很大的負擔。像指甲形狀變醜、指甲分岔等情況，多半是使用指甲刀所引起的。雖然有些人會在凝膠尚未卸除的情況下，因指甲變長直接用指甲刀剪指甲，但我們並不建議這種作法。塗抹在指甲尖端的凝膠一旦被剪掉，水和細菌便會由此侵入，很可能會帶來許多問題。當然，指甲刀也會導致殘留的凝膠剝離。

所謂修甲就是要修剪指甲，主要目的並非只是調整指甲的長度和形狀，而是要延續指甲的最佳狀態，打造理想的指甲形狀。但修甲也必需以正確的方式來進行。

● 配合使用目的來挑選磨棒

海綿磨棒
（100至120G）

將指甲正面
修磨光滑

磨棒
（150至180G）

磨去塗抹於甲面上的
凝膠

磨砂棒
（180G）

修整指甲的長度和
形狀

依自己的目的選擇磨棒

即使想儘快完成修甲，也切忌以粗顆粒磨棒用力磨甲，因為這是導致指甲分岔的原因。一般而言，修剪指甲形狀的磨棒，係數介於180至220之間。若是指甲薄，推薦使用細顆粒的磨棒，才不會傷害到指甲（200係數）。指甲厚度會因為身體狀態、年齡和營養狀態而有所改變，所以我們要經常觀察自己的指甲，選擇最適合的磨棒。還有磨棒屬於消耗品，覺得鈍了就立刻買新的替換吧！

使用磨棒時，必需注重接觸方式及方向。磨棒應該要由右向左，朝單一方向不停重複移動，而不是來回移動。尤其是修磨指甲側緣的時候，要先以拇指將指甲側緣的皮膚下壓，並確認磨棒垂直接觸到指甲。修甲時，也可順便觀察指甲的健康狀態。

修甲步驟

別太拘泥於指甲形狀，不妨善用自己的指甲來修甲

　　指甲的形狀並非一定是左右對稱，不過藉由持續地修甲和保養，也能夠接近心目中的理想形狀。先於腦海內描繪未來理想的指甲形狀，一步步的來修整指甲吧！雖然實際上想修成方圓形指甲，卻也有人單邊指甲長不出來或是缺角。無論你想把指甲修成什麼形狀，都先修磨成方形，然後參考 P.35 的示意圖，一邊思索邊框和比例，一邊慢慢修出形狀，這是修甲的訣竅所在。

STEP 1

磨砂棒的正確握法

POINT

先從握法開始學起。以拇指和食指、中指捏好磨砂棒。

↓

STEP 2

先修磨指甲前端決定長度

POINT

以磨棒垂直貼於指甲前端部位。單一方向移動修成想要的長度。

↓

將指甲兩側修磨成方形

POINT

讓磨棒跟指甲平行，修磨指甲側緣的寬度，製作長方形。

↓

STEP 3 至 6

將直角修磨成喜歡的形狀

POINT

修磨直角時，磨棒務必要由外側往內側，朝單一方向移動。

修甲準備工具

粉塵刷

海綿磨棒
（100至120G）

磨砂棒
（180G）

STEP

磨砂棒的正確握法

1

1

NG

握得太後面也不行！

相反的，若握得位置太後面，容易造成施力不當，很難將所有的指甲修成一致的形狀。

握的位置太前面會不好修磨！

擔心偏離正確位置而握得太前面，會讓磨棒的移動距離變短，導致修磨的力道過猛。

握在正確位置上

在磨棒近尾端1／3處，以拇指在下，食指和中指在上輕輕夾住磨棒。

2

NG

磨棒不能傾斜！

磨棒傾斜向內側會磨損甲面，造成指甲變薄，所以一定要與指甲保持垂直。

來回移動NG！

左右來回移動會導致指甲疼痛及分岔。

朝單一方向移動

磨砂棒垂直貼於指甲，從外側往內側朝一方向移動。

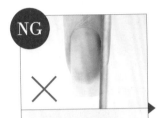

留意磨棒的方向！

磨棒要垂直貼於指甲不能傾斜，並注意避免觸碰到皮膚和甲面。

4

修磨成纖長指甲

磨棒平行貼住指甲，磨除指甲過寬的部分，修磨成正方形。

3

決定長度

以磨砂棒垂直貼於指甲前端，朝單一方向移動決定指甲長度。

避免磨棒過度偏向內側！

磨棒伸到負荷點的內側，會把指甲磨薄，更是導致指甲斷裂的原因。

6

稍微磨修左下部

磨棒從斜下方貼住指甲，將指甲前緣尖端修薄就好。

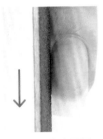

5

修磨反側

以同樣作法來修磨另一側的指甲側緣。磨棒碰觸到甲面和皮膚，該部位就會被磨掉，要特別注意。

Finish

方形指甲完成

配合指甲床的長寬，將指甲前緣的凸出部位修磨成長方形。

**指甲的直角
不能修磨過度！**

由於要修薄的部位只有前端，所以要輕輕修。一旦直角修磨過度，指甲就會變成不同的形狀。

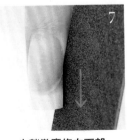

7

也稍微磨修右下部

以同樣作法從右下方傾斜磨棒，把指甲前緣尖端給修薄。

Check: 常見的指甲形狀

修甲能將指甲修磨成很多種形狀。每種指甲形狀的強度、處理方式都各不相同。上指彩後整體印象又會截然不同，尋找適合自我風格的指甲形狀吧！

方形

配合指甲床的寬度，將整片指甲修磨成長方形的基本款。本形狀能盡情享受指甲彩繪，適合服務業等想以指甲的品味引人注目的人。

◎指甲強度夠
◎甲面寬方便指甲彩繪
△兩端直角易斷裂

橢圓形

從指甲側緣開始變圓，並順勢銜接直角形成蛋形。流露出女人味。適合喜歡飄逸柔美的服裝。

◎手指看起來纖長美麗
◎流露出女人味
○百搭

方圓形

將指甲前端和指緣修磨成直線，以及方圓角的形狀。本款式會散發成熟韻味，適合穿套裝、單調或是簡潔洗練的打扮。

◎十分堅固，外形不易損壞
◎簡單成熟
◎適合指甲彩繪

尖形

將橢圓形頂端磨尖的形狀。從指甲側緣修磨做出角度。具有強烈的個人印象，非常受到想彰顯個人風格的人歡迎。

◎令人印象深刻的款式
○指尖纖長美麗
△指甲易裂

圓形

將指甲直角修磨成更圓的形狀。尖端呈現自然的圓弧，感覺平易近人。由於指甲形狀特色不高，任何造型皆可搭配。

◎強度高很難斷裂
◎可以讓手指看起來纖長
○百搭造型

修磨方圓形指甲

STEP
3

8

Finish

方圓形指甲完成

將方直角稍微磨圓點就好。指甲側緣則保持一直線。

Point

要修磨成自然圓弧狀

直角只要勿修磨過度，就會形成自然的圓弧狀。修磨時，磨棒與甲面呈現45度角。

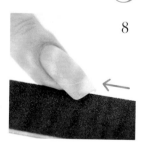

稍微修磨左直角

以磨砂棒貼在方角下方然後開始修磨，將形狀磨圓點。右直角也是同樣作法。

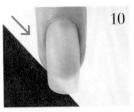

將直角磨圓

磨砂棒貼住指甲,從指甲側緣朝尖端磨成自然的圓弧狀。

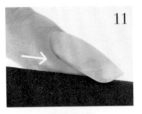

慢慢修磨

以小範圍來慢慢修磨指甲。尖端保持直線。

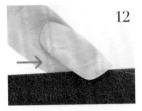

磨去直角的厚度

接下來將指甲前緣的厚度修薄。覺得很難修磨時,請確實下壓指甲側緣的皮膚。

右側也要磨圓

同樣將右側磨圓。磨砂棒貼住指甲略下側的部分,不要用力並慢慢修磨。

調整直角厚度

朝指甲前端慢慢修磨。將直角的厚度修薄。

Finish

圓形指甲完成

修磨時要避免接觸到負荷點到前端的直線部分,讓該部位保持筆直。

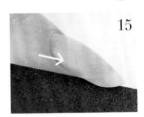

大幅修磨左直角

磨砂棒略微傾斜貼住指甲,就像要描繪平緩的線條般修磨指甲。

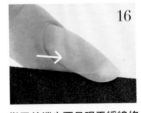

指甲前端也要呈現平緩線條

磨砂棒朝指甲前端附近移動。從指甲左側到前端慢慢修磨。

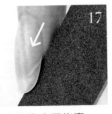

右直角也要修磨

同樣也修磨指甲右側。磨砂棒傾斜貼住在指甲側緣的下方。

Finish

橢圓形指甲完成

從指甲前緣的側緣朝前端,描繪出平穩的弧度。

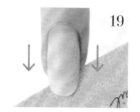

19

清理指甲碎屑

將海綿磨棒縱向移動,清理掉指甲裡面殘留的碎屑。

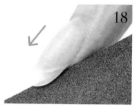

18

製作出自然的弧度

猶如要順勢銜接前端般,以磨砂棒朝指甲前端緩慢描繪平緩的弧度。

修磨尖形指甲

STEP
6

22

另一側也採取相同作法

右側也同樣修薄。竅門在於彷彿要將指甲前端修尖的方式來修磨弧度。

21

將指甲的直角修薄

磨砂棒朝指甲前端移動,抵住指甲側緣修磨,避免把直角磨厚。

20

修尖指甲前端

將磨砂棒更加傾斜地貼住指甲,將指甲前端修尖。

Finish

尖形指甲完成

在指甲前緣修出尖銳的弧度,把指甲前端修尖,流露出時尚感。

Point

以粉塵刷清理灰塵

以粉塵刷仔細清理跑進指甲溝和指尖裡頭的粉塵。

23

磨尖指甲前端

磨砂棒更加傾斜抵在指甲下方,把指甲前端的平坦部位慢慢修尖。

保養指緣甘皮的基本觀念

保養指緣甘皮的基礎知識

搞懂保養指緣甘皮的意義&目的

Cuticle別名為甘皮，它覆蓋並保護製造指甲的皮膚，是相當重要的部位。指緣甘皮與指甲緊密相連，雖然也會跟指甲一起變長，但長到一半就會與指甲分離，僅剩指甲繼續生長。至於「與指甲一起生長而殘留下來的部分」就被稱為甲上皮角質。

如果對指緣甘皮置之不理，它就會從上方壓迫指甲，很可能會妨礙到指甲的生長。保養指緣的目的，並不單純只是為了指甲形狀的美觀，更重要的是讓指甲健康生長。而指緣甘皮也是供應指甲營養的部位，在保養的同時給予滋潤會非常有效。

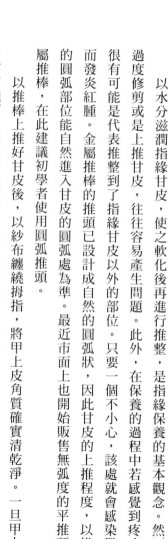

金屬推棒的推頭為圓弧形，讓初學者也能安全的上推指緣甘皮。

確實理解保養指緣甘皮的重點！

以水分滋潤指緣甘皮，使之軟化後再進行推整，是指緣保養的基本觀念。然而，過度修剪或是上推甘皮，往往容易產生問題。此外，在保養的過程中若感覺到疼痛，很有可能是代表推整到了指緣甘皮以外的部位。只要一個不小心，該處就會感染黴菌而發炎紅腫。金屬推棒的推頭已設計成自然的圓弧狀，因此甘皮的上推程度，以推頭的圓弧部位能自然進入甘皮的圓弧處為準。最近市面上也開始販售無弧度的平推頭金屬推棒，在此建議初學者使用圓弧推頭。

以推棒上推好甘皮後，以紗布纏繞拇指，將甲上皮角質確實清乾淨。一旦甲上皮角質有殘留，在進行光療時，油分就會從該處滲透進去，成為凝膠剝離的原因。

保養指緣甘皮的步驟

推整指緣甘皮

STEP
1

POINT
以金屬推棒和櫸木棉棒等上推指緣甘皮。

清除甲上皮角質

STEP
2

POINT
以紗布纏繞拇指後沾水，拭去甲上皮角質。

Nail
Column

修剪甘皮時的注意事項

甘皮的功用是預防黴菌入侵指甲。過度修剪甘皮很容易發炎。建議尚未熟練者，先從紗布纏繞拇指，清除甲上皮角質開始練習。

將指緣甘皮形狀推整漂亮，指尖也會美觀

指緣甘皮會隨著指甲一起生長，若任其生長，會讓指甲的範圍趨圓並變窄。由於指緣甘皮看似與指甲緊密貼合，推整時難免會讓人心生恐懼，但只要輕柔地推整就不用擔心，甚至根本不痛。將緊貼於甲面的甘皮推離指甲，不但有助於指甲形狀的美觀，還能促進指甲的生長。推整完畢後，別忘了要將甲上皮角質確實清理乾淨喔！

保養指緣的準備工具

甘皮剪　　　紗布　　　　陶瓷推棒　　　　金屬推棒　　　酒精

上推指緣甘皮

STEP 1

Point

使用陶瓷推棒

由於會慢慢磨掉指甲正面，所以能同時清除甲上皮角質！

2

以推棒往上推

以金屬推棒上推指緣甘皮。指甲側緣就以推棒的邊角來推整。

1

滋潤指尖

以酒精（水亦可）噴濕指甲，滋潤並軟化指尖。

清除甲上皮角質

STEP 2

5

以甘皮剪修剪倒刺

拔除指甲倒刺，很可能會擴大傷口範圍。所以務必要使用甘皮剪修剪掉。

4

以紗布纏繞拇指

紗布纏繞拇指後沾水，拭除步驟3殘餘的甲上皮角質。

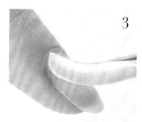

3

去除甲上皮角質

以金屬推棒較小的推頭，推起殘留在指甲角落的甲上皮角質。

木推棒的使用方式

放上配件	削尖棒頭

以磨棒將棒頭磨尖，就能挑起的細小配件使用，相當方便。對某些配件來說，與其用鑷子夾起，不如使用木推棒更能加速作業。

修飾 溢出的指甲油	薄頭 櫸木棉棒

若是上凝膠，只要直接按壓，便能去除溢出的顏色。如果是上指甲油，以木推棒尖頭沾去光水就OK了！

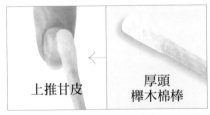

上推甘皮	厚頭 櫸木棉棒

進行濕保養時，櫸木棉棒可用來代替金屬推棒來推整甘皮。

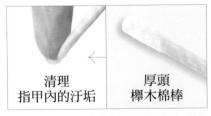

清理 指甲內的汙垢	厚頭 櫸木棉棒

櫸木棉棒也可清理指甲內的汙垢和碎屑。若細部伸不進去，就將棉花纏薄點試試看。

木推棒是一物多用的好物

身為美甲不可或缺工具之一的木推棒，擁有各式各樣的活用法。只要將棒頭削尖，就能輕鬆挑起美甲配件。在尖頭捲上棉花後，就能拿來當櫸木棉棒使用。可視不同用途來調整尖頭的棉花分量，試著練習拿捏棉花纏繞的分量吧！雖然最初也可拿自家現有的竹籤和牙籤來代用，但木推棒算是較廉價的工具，還是建議各位使用美甲專用的用品吧！

削尖木推棒的方法

1

木推棒原本的形狀

木推棒原本的圓頭，不適合細部作業。

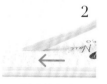

2

以磨棒削尖

平放磨棒，木推棒以45度腳貼住磨棒。

3

轉過來削尖側面

削完一面後，將木推棒轉90度，同樣削尖該面。

Finish

完成！

將尖頭削成方便自己使用的粗細和尖銳程度。

製作薄頭櫸木棉棒

1

以水沾濕

以水微微沾濕木推棒的尖頭。

2

纏繞上一部分的棉花

撕開棉花，抽拉出柔軟的棉絮，纏上木推棒尖頭。

3

以手掌將棉花滾勻

將棉花尖頭放在手掌上滾動，使棉花均勻纏繞。

Finish

完成！

薄棉花均勻纏繞在尖頭上。拿來沾取去光水也很方便！

厚頭櫸木棉棒

1

撕開棉花

將棉花團撕成兩半，以手指抽拉出柔軟的棉絮。

2

棉花放在指頭上

將抽拉的棉花置於指腹，擺上木推棒尖頭。

3

將棉花團纏繞於尖頭

來回轉動木推棒，讓棉花纏繞在尖頭上。

Finish

完成！

確認棉花是否有裹覆住尖頭。

打磨指甲的基本觀念

指甲打磨的
基礎知識

拋光＆打磨相似卻不相同

以磨棒修磨指甲正面，一般稱為拋光（Buffing）或打磨（Sanding）。不過兩者的功用和意思卻各不相同。簡單來說，拋光是讓指甲正面出現光澤，打磨則是以磨棒修磨指甲正面。只有平坦的指甲才會出現光澤。由於指甲正面原本就是凹凸不平，所以未經打磨的指甲即使拋光也不會出現光澤，因此要先打磨來磨平指甲，再進行拋光。指甲會隨著年齡增長變得乾燥，導致凹陷變深，因此打磨會變得越來越重要。塗抹凝膠時，若指甲正面高低不平，凝膠就無法均勻分佈於在指甲上。無論是修磨指甲正面減少凹凸程度，還是輕磨指甲正面方便凝膠固定，都屬於打磨。

● 磨棒的種類　依照用途來分類工具。

海綿磨棒
（100至120G）

磨棒
（150至180G）

→ 用來打磨

拋光棒　────→　用來拋光

由於打磨只是處理指甲表層，所以指甲打磨並非意指要用力修磨，只要輕削即可。常有人為了使指甲平整而拚命修磨，反而會導致指甲變薄，將指甲打磨到正面出現光澤的程度就好。

將磨棒分成打磨&拋光來使用

以100至180係數的磨棒進行打磨，拋光就用專用拋光棒。無論打磨還是拋光，都要挑選有柔軟海綿夾層的海綿磨棒。海綿可以吸收衝擊力，進而分散指甲的壓力。只要指甲打磨得宜，不僅能保持美麗，還有助於凝膠的固定。此外，為了讓指甲正面熠熠生輝，在過去曾使用研磨劑來打磨，不過在現今，以拋光棒打磨已蔚為主流。以磨棒密貼於指甲打磨，會產生截然不同的成果。指甲容易疼痛者，以拋光棒的細磨面（顆粒較細的那端）來修磨指甲就不太會痛。由於海綿磨棒與板狀磨棒的目的和效果有明顯的差異，因此強烈建議您多準備幾種海綿磨棒。

海綿磨棒的拿法要正確

POINT

請選擇100至120係數的海綿磨棒，並確認拿法是否正確無誤。

打磨指甲前端&細部

POINT

打磨指甲前端等細部時，想像自己要磨掉指甲上的直紋。只要輕輕摩擦，紋路就會變淺。

以拋光棒正面來修磨

POINT

換拿拋光棒後，以正面修磨細部。

以拋光棒背面來修磨

POINT

換用拋光棒的背面，仔細打磨指甲的中央和側緣。

打磨的步驟

在避免打磨過度的前提下進行

打磨的目的是以推磨指甲正面，減少指甲的凹凸。指甲隨著年齡增長乾燥後，正面難免會形成凹痕。然而指甲打磨的越薄，越容易造成指甲疼痛。當指甲出現凹痕時，針對指甲正面特別凸起的部位打磨就好，並建議塗抹補甲油等（含有纖維的護底油）來收尾。為了固定凝膠打磨指甲者，也同樣薄薄的打磨一層就夠了！

打磨的準備工具

指緣油

拋光棒
（正面和背面）

海綿磨棒
（100至120G）

海綿磨棒的正確拿法

C heck

② ①

打磨的方法

磨棒配合指甲的弧度，分別打磨指甲的左右半部。

Point

握住磨棒偏近中央的部位

竅門在於使用握筆的手勢，就像拿起鉛筆般輕握住磨棒偏中央的部位。

1

修磨指甲中央部位

以海綿磨棒打磨指甲中央部位。

3

打磨甘皮線

打磨甘皮線時，磨棒縱向貼住指甲也OK。

2

拇指下壓指甲側緣

拇指確實下壓指甲側緣，一路打磨到指甲壁的附近。

Point

以拇指張開拿也OK

張開拇指和食指來撐住磨棒，較好分散對於整體指甲的壓力。

打磨指尖&細部

Check: 磨棒施壓的差異性

分散整體的壓力

海綿磨棒能夠替指甲分散壓力，因此可打磨整片指甲。

壓力集中在一點

用來修整指甲長度的磨砂棒較硬，施壓則是集中在一點。

5

試想要消除直線

打磨時，想像是要消除指甲的直紋。但如果指甲正面凹凸太嚴重，輕磨就好。

NG

磨棒彎曲就NG！

如果力道過大導致磨棒彎曲，指甲承受多餘的壓力，會引發疼痛。

Point

若想打磨細部…

打磨細部時，伸出食指就能固定磨棒的軸心。

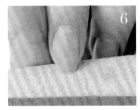

6

指尖也要打磨

打磨指尖時，磨棒要傾斜抵住指甲背面。

以拋光棒的正面來拋光

8

拇指下壓指甲側緣

拋光指甲側緣和指緣甘皮附近時，以拇指把兩側的指肉往下壓。

7

從指甲的中央部位開始拋光

使用拋光棒的正面，先從指甲中心部位開始來回拋光（請參考P.49）到整片指甲。

正面

背面

拋光棒有分正面及背面

拋光棒正面和背面的顆粒粗細度並不同。背面的顆粒較細，因此是用於收尾階段。

Check: 使用拋光棒的重點

切記要以拇指下壓指肉

由於指甲側緣的指肉會隆起，所以需用另一隻手的拇指按下去。

來回修磨也OK

拋光與修甲不同，是以拋光棒緊貼指甲並來回修磨。

9

細部也要拋光

拋光像指甲兩側緣等細部時，將磨棒拿直。

STEP

以拋光棒的背面來拋光 4

Point

指甲發熱時該怎麼辦？

以拋光棒緊貼指甲時，若摩擦生熱，就將拋光棒稍微拿開，觀察指甲的狀況。

11

指甲側緣也要拋光

拇指下壓指肉，拋光指緣甘皮周遭和指甲壁。

10

從指甲的中央部分開始拋光

以拋光棒的白色面（顆粒較細的那一面）緊貼指甲，然後左右移動。

Finish

經過徹底保養過的指甲！

表面毫無凹凸不平，散發適當光澤的美麗指甲完成了！不塗指甲油也魅力十足。

13

以指緣油保濕

將油滴在指緣甘皮的部位，並以指腹加以按摩，使之深入肌膚。

12

細部要縱向拋光

拋光指甲細部時，以拇指下壓指肉，縱向移動拋光棒。

前置作業的基本觀念

指甲上色的
前置作業

前置作業代表
指甲上色前要作的準備

所謂前置作業（Preparation），就如同英文單字「預備」的意思般，代表塗抹指甲前的準備。不管是要塗抹凝膠、指甲油，還是水晶粉，所作的準備事項一律被稱作前置作業，尤其常用來指塗上凝膠前的準備。雖然前置作業的程序，與修甲、指緣保養及打磨等指甲保養的方式有許多部分雷同，但請想把它想成是替指甲上色前的準備吧！前置作業的方法會因為塗抹指甲油或凝膠而有所不同。兩者在最後階段同樣都要徹底清除指甲上的油分和水分。由於人體經常在進行呼吸和循環，手和指甲經過一段時間後，表面很快就會冒出水分和油分。我們難免會不經意的觸摸到臉和頭髮，一旦稍有不慎指甲就會沾到油分。因此前置作業結束後，就要儘快進行下一個程序。

● 凝膠容易鬆脫之處

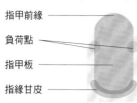

指甲前緣

負荷點

指甲板

指緣甘皮

確實作好前置作業讓凝膠固定，才能延長凝膠的使用壽命。

以雙效合一的「保養前置作業」為目標吧！

前置作業終究只是指甲上色前的準備，目的是使凝膠和指甲油固定。就算沒有去除硬皮和倒刺，沒有美化指緣甘皮，只要凝膠能牢牢附著在指甲上就沒問題了！另一方面，指甲保養則是涉及指尖到整根手指的美化，既然都要進行，乾脆來進行雙效合一的「保養前置作業」吧！

有些美甲沙龍店的服務項目表內，指甲保養和前置作業是分開的。凝膠和指甲油的服務項目中也有包含前置作業，但保養則需另行收費，因此顧客往往不會選擇保養。倘若顧客遇到某間美甲沙龍，能夠選擇到保養和前置作業兼具的服務項目，一定會提高滿足度。至於自行進行前置作業者，既然機會難得，乾脆連同保養一起進行，讓自己從指根美到指尖吧！

上推指緣甘皮

STEP
1

POINT
磨棒修整好指甲形狀後，以推
棒上推指緣甘皮。

↓

磨去甲上皮角質

STEP
2

POINT
以金屬推棒較小的推頭，磨去
邊角的甲上皮角質。

↓

以包著紗布的拇指
擦拭指甲

STEP
3

POINT
以沾濕的紗布，將甲上皮角質
擦拭乾淨。

↓

打磨

STEP
4

POINT
以海綿磨棒修磨指甲表面，提
高凝膠的固定程度。

↓

最後塗抹凝膠清潔液

STEP
5

POINT
以美甲海綿塊沾取凝膠清潔液
擦拭指甲，去除指甲表面的油
分。

前置作業
步驟

前置作業的基本觀念

接下來要帶領各位實際進行前置作業。以磨棒修磨好指甲形狀後，便立刻進行前置作業，才能一氣呵成。基本流程就是進行之前學習到的乾保養，不過在收尾階段不塗抹指緣油，直接進行拋光。完成前置作業後就要替指甲上色，因此要謹記「去除油分、水分，製作方便上色的基底」的原則。若時間充裕，也可以改採濕保養。

準備工具

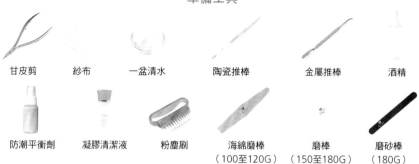

甘皮剪　　紗布　　一盆清水　　陶瓷推棒　　　金屬推棒　　酒精

防潮平衡劑　凝膠清潔液　　粉塵刷　　海綿磨棒　　　磨棒　　　磨砂棒
　　　　　　　　　　　　　　　　　（100至120G）（150至180G）（180G）

STEP

上推指緣甘皮 1

Point

推棒沾水也OK

覺得指緣甘皮難推時，千萬不要硬推，以推棒沾水為甘皮補充水分。

以金屬推棒推壓

金屬推棒傾斜45度，上推指緣甘皮。

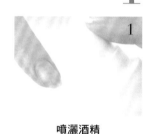

噴灑酒精

待修甲型完畢後就進行。酒精不僅可以殺菌，也會讓指緣甘皮較好上推。

Check: 金屬推棒的正確角度

角度太高

除了很難推入指緣甘皮的下方，還容易刮傷指甲表面。

角度太低

萬一手滑，推棒很可能會推進皮膚之間。

傾斜45度角

這個角度可以讓推棒順勢推入指緣甘皮的縫隙，較好上推指緣甘皮。

STEP 2 磨去甲上皮角質

Check: 使用陶瓷推棒時

陶瓷推棒在上推指緣甘皮的同時還能順便打磨指甲，是相當方便的工具。請搭配金屬推棒來使用吧！

3

以較小的推頭
就像要避免凝膠從指甲浮起般，磨去邊角的甲上皮角質。

由於兼具略微推磨指甲表面的效果，也可用來打磨細部。

以陶瓷推棒抵住指甲，將指緣甘皮往上推。

STEP 3 以包著紗布的拇指擦拭指緣

6

以甘皮剪修剪倒刺
以甘皮剪修剪掉倒刺，直接撕扯倒刺反而會讓傷口擴大。

5

清除甲上皮角質
確實擦拭掉甲上皮角質。稍微用點力擦拭也沒關係。

4

將紗布沾濕
紗布包住拇指後，以碗內的清水沾濕。

STEP 4 打磨

9

以粉塵刷清理指甲
清理打磨所產生的粉塵。指甲壁很容易囤積粉塵，要特別仔細清理。

8

打磨指甲表面
以係數100至120的海綿磨棒打磨指甲。拇指下壓指甲側緣的指肉。

7

修磨指甲前端
為了在指甲前端上塗抹凝膠，請以磨砂棒輕輕修磨，提高凝膠的附著力。

最後塗抹凝膠清潔液 STEP 5

Finish

前置作業完成！
一旦前置作業完成，就趁指甲尚未出油時塗上凝膠。

Point

塗抹防潮平衡劑

塗抹防潮平衡劑，等待自然風乾，看起來有點白後就OK了！

10

以凝膠清潔液擦拭指甲

以紗布沾取凝膠清潔液（塗指甲油者改噴酒精），擦拭整片指甲去除油分。

Check: **紗布的正確拿法**　　學習紗布的纏繞方式吧！

4 3 2 1

以其他手指握住紗布

紗布纏繞拇指兩圈後，剩餘的部分就以其他手指握住。

紗布往內側摺。

拉緊紗布，就像要纏繞拇指般往內繞摺，就會自然符合拇指的形狀。

對摺

將紗布上下對摺。拇指要保持原位不能移動！

攤開紗布

將紗布攤平於手掌上，拇指放在紗布中央處。

Check: **甘皮剪的正確拿法**　　用來修剪倒刺的甘皮剪，來學習它的拿法吧！

2 1

修剪他人的情況

若替他人修剪，可以夾住別人的手指固定。

自行修剪的情況

若自行修剪，要以其他手指撐著，以免軸心歪掉。

輕握住甘皮剪

自然握住甘皮剪。輕握住即可，不要用力過度。

攤開手掌

攤開手掌，將甘皮剪放在手指底部的中央。

保養指緣甘皮的方法

重點在於趁沒有水分的時候塗抹凝膠

對凝膠和水晶粉而言，水分是頭號敵人。雖然水並不會溶解美甲材料，不過指甲經水分滋潤過後就會軟化，形成延甲剝離的原因。經常從事烹飪或洗碗等碰水家務的人，每一次碰水，都會累積無形的傷害。如此一來若受到壓力，始終堅硬的凝膠和水晶粉，會從與指甲的銜接處浮起。

為了防止凝膠和指甲分離，讓凝膠緊密貼合指甲非常重要。

HOW TO 1

塗兩次底層凝膠

POINT
先塗抹底層凝膠，照燈硬化後，再塗上一層薄薄的底層凝膠。

HOW TO 2

擦兩次凝膠清潔液

POINT
以紗布沾取凝膠清潔液擦拭整片指甲，這個動作重複作2次。

Nail Column 〉 流手汗者的前置作業

雙手經常處於潮濕狀態的人，在進行前置作業的過程中，手也會不斷冒出水分，因此最好分單指做前置作業，並把握指甲水分少的時候迅速進行。

塗兩次底層凝膠 1

　光療燈　　　底層凝膠　　　凝膠筆（平筆）　　準備工具

3	2	1

再塗一次底層凝膠

再次塗上底層凝膠。塗太厚會導致凝膠剝離，所以要儘量塗薄。

照光療燈硬化凝膠

照光療燈讓凝膠硬化。凝膠硬化的所需時間，遵照製造商的建議即可。

塗抹底層凝膠

以凝膠筆沾取底層凝膠塗滿指甲，注意不要塗太厚。

擦兩次凝膠清潔液 2

紗布　　凝膠清潔液　　準備用品

3	2	1
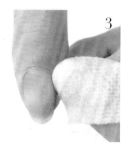	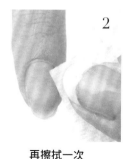	

細部也要確實擦到！

以紗布包住指尖，用指甲前端徹底擦拭指甲壁裡面。

再擦拭一次

待乾後再以紗布沾取凝膠清潔液擦拭一遍。

以凝膠清潔液擦拭指甲

於前置作業的最後，以紗布沾取凝膠清潔液擦拭整片指甲。

卸甲&指甲修補的基本觀念

溫和不傷甲的卸甲&修補方法

與其卸甲，不如勤於修補指甲！

經常有人反應塗抹凝膠後指甲會痛，但其實這是錯誤的觀念。塗抹凝膠本身對指甲並不會有多大的損傷，其實是「卸甲的時候才會痛」。因此卸甲時要格外謹慎小心。建議大家儘量以修補指甲來代替頻繁的卸甲。但是修補指甲時，必需先審視延甲的內部是否與真甲分離（內部中央處呈現剝離的狀態）。雖然憑外觀難以辨別，但經光療燈照射後，若指甲看似混濁，那就是延甲與真甲分離的證據。於延甲與真甲分離的狀態下進行指甲修補，有時會導致綠指甲（指甲發霉）。此外，延甲分離的情況，往往會在無意之間發生，所以基本上最好每2至3週進行指甲修補。這段期間內指甲根部跟甲上皮角質都會生長。進行修補時也可以順便換個彩繪設計。

58

卸除凝膠時，要以鋁箔紙包住手指讓丙酮滲透指甲。請按照正確步驟進行卸甲和指甲修補。

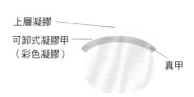

上層凝膠

可卸式凝膠甲
（彩色凝膠）

真甲

只有輕輕打磨表面的上層凝膠部分，根本不會傷害到真甲。

學習正確的卸甲方法，
和指甲疼痛說 bye bye！

卸甲必需先輕輕打磨凝膠的表面，使其受損後，再讓含丙酮的溶劑滲透於指甲內。採取磨除凝膠最後打磨的方式，比以丙酮溶劑卸甲更容易造成指甲疼痛。當然，看到凝膠邊緣翹起就硬剝下來的作法則更不可取，這樣會把指甲的必要角質一起剝掉。若覺得丙酮滲透的不夠，請重新進行一次卸甲的步驟，讓丙酮能充分滲透入指甲內。

使用金屬推棒時，就像將推頭輕滑過指甲表面般，儘量放輕力道來推磨吧！

至於指甲油的完美狀態頂多只能維持10天左右。一旦指甲油缺角掉漆，就以去光水卸掉。但事後必需留意指甲乾燥的問題。去光水只會溶解掉指甲油，卸除時要注意別摩擦指甲。如果指甲細部仍殘留指甲油，建議以棉花棒等用品來卸除。

凝膠指甲
卸除步驟

卸除凝膠，並非是以推棒磨除凝膠，而是藉由丙酮溶劑的滲透，使凝膠剝離指甲後，再以推棒猶如擦拭表面般卸除凝膠。一開始打磨指甲表面，是為了讓溶劑更容易滲透指甲。如果凝膠剝落的效果不佳，重新以鋁箔紙包住手指並觀察情形吧！

卸除凝膠的準備工具

海綿磨棒	金屬推棒	鑷子	凝膠卸甲液	海綿	鋁箔紙	磨棒
（100至120G）						（150至180G）

輕輕打磨表面

指甲側緣也要打磨

依照中央→左→右的順序打磨。指甲薄的人使用海綿磨棒也OK。

打磨表面

使用磨棒，感覺就像在磨除表面的上層凝膠般輕輕打磨。

指甲變長的狀態

指甲根部已經長出來了！經光療燈照射，若發現凝膠內部與真甲剝離，就要立刻卸除。

讓凝膠卸甲液滲透指甲

STEP 2

以鋁箔紙包住手指

鋁箔紙最好包覆到第二指節處，如果鋁箔紙包太短，很容易在美甲作業中脫落。

將棉花放在指甲上

棉花放在指甲上。棉花的面積略大過指甲即可，以減輕卸甲液對於肌膚的負擔。

準備鋁箔紙

手指放在鋁箔紙上作準備。以棉花沾取凝膠卸甲液。

Check: 留意棉花的面積

NG

棉花面積太大就NG了！

棉花面積太大，卸甲液沾到指頭會帶給肌膚負擔，所以得配合指甲的大小。

從側面看的狀態

避免棉花接觸到肌膚。確認棉花面積是否有略大於指甲。

配合指甲的大小

以棉花比對指甲的大小並事先裁剪，可利於後續作業。

輕磨卸除

STEP 3

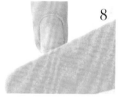

以海綿磨棒收尾

卸除凝膠後，以磨棒來收尾。收尾完畢後，就進行凝膠的前置作業。

無法卸除凝膠時再重包一次

推棒的力道要輕柔到猶如滑過表面的程度。若覺得難卸，重新以鋁箔紙再包一次。

打開鋁箔紙

經確認凝膠已經剝離後，以金屬推棒朝指甲根部的方向輕柔推壓。

雖然指甲油很簡單就能卸除，但去光水卻是引發指甲乾燥的元兇，所以要注意避免摩擦過度。以棉花沾取適量的去光水，於指甲上靜置數秒後，然後一股作氣擦拭乾淨。至於細部，建議使用櫸木棉棒或棉花棒來擦拭乾淨。

卸指甲油的準備工具

指緣油

櫸木棉棒

去光水

棉花

以棉花沾取去光水 1

NG

×

去光水沾太多極不好處理

去光水沾濕整塊棉片代表沾太多。這樣去光水會深入到指緣甘皮中，引發肌膚刺痛。

1

以棉花沾取去光水

拿棉花沾取去光水。去光水從棉花中央朝四周擴散程度為適量。

Before

指甲變長了

由於指甲根部露出來了，所以要卸指甲油。卸除方法簡單也是指甲油的魅力所在。

讓去光水滲透指甲 STEP 2

Point

需要再度使用該怎麼辦？

將卸掉的指甲油向內折在使用，就不會沾到其他地方。

一口氣擦掉

按住指甲根部，朝指尖方向一口氣擦拭過去。這樣就能卸除掉絕大部分的指甲油。

將棉花放在指甲上

將沾有去光水的棉花放在指甲靜置5至10秒。

擦拭細部 STEP 3

以指緣油進行保濕

若不上指彩，最後塗上指緣油等進行保濕即可。

使用棉花棒

至於指緣甘皮的邊緣，則以櫸木棉棒沾取去光水擦拭乾淨。

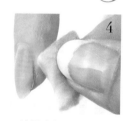

拭淨殘留的部分

以摺起來的棉花，擦拭像指甲壁附近等難以卸除的細部。

Check：熟練地以指甲膠卸除人工甲片的方法！

NG

不可以從指甲前端卸除

若從指甲前端拔除人工甲片，指甲可能會連同甲片一起被掀起來。

從根部開始卸除

用力下折指甲前端，讓甲片從指甲根部開始脫落。

泡水

指尖泡水，讓水分滲透人工甲片上的膠。

凝膠指甲

修補步驟

卸除凝膠的過程，容易引起指甲疼痛，建議儘量以修補取代卸除。也許有人往往覺得指甲修補無法變化造型相當無趣，但其實造型和顏色是可以改變的。想換造型的人，在塗抹凝膠時，必需留意避免指甲根部高低不平。若凝膠內部出現剝離的情況，就進行卸甲吧！

修補凝膠指甲的準備工具

| 凝膠筆（平筆） | 卸甲棉片 | 凝膠清潔液 | 海綿磨棒（150至180G） | 磨砂棒（180G） |

| 光療燈 | 上層凝膠 | 彩色凝膠（藍色系） | 底層凝膠 |

輕輕打磨表面

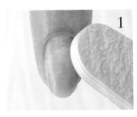

以磨棒進行打磨

使用150至180係數的海綿磨棒。慢慢磨掉表面的上層凝膠。

Point

指甲根部的高低差……
上圖為凝膠和指緣甘皮之間產生間隙（落差）的狀態。必需要進行打磨來調整。

Before

檢查凝膠內部是否剝離！

因為指甲根部長出來，所以要進行修補。檢查凝膠表面是否有出現白色內部剝離的狀況。

真甲也要打磨

將凝膠磨薄，消除指甲根部的落差。同時也要打磨指甲根部的真甲。

修磨指甲的長度和形狀

以磨砂棒修整指甲外緣的線條，同時也可打磨指甲尖端。

上推指緣甘皮

保養好指緣甘皮後，以美甲海綿塊沾凝膠清潔液來擦拭指甲。

塗抹底層凝膠 STEP 2

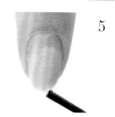

以光療燈使凝膠硬化

照光療燈使凝膠硬化。由於凝膠在照光前都不會凝固，所以請確認最後成果再進行硬化。

②①③

以凝膠塗滿指甲

以底層凝膠塗滿全部指甲。只要依照中央→左→右的順序來塗抹，就能把凝膠塗抹的很漂亮。

在指甲前緣塗抹凝膠

塗抹底層凝膠。塗法和平常一樣，從指甲前緣開始塗起。

最後塗抹上彩色凝膠 STEP 3

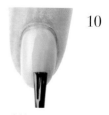

塗抹上層凝膠

刷塗上層凝膠然後進行硬化。最後以凝膠清潔液擦拭指甲就大功告成。

②①③

塗第二次後再硬化

同樣以約2至3粒米分量的彩色凝膠塗滿指甲，然後進行硬化。請均勻地薄塗一層凝膠。

②①③

塗抹彩色凝膠

以凝膠筆沾取約2至3粒米分量的彩色凝膠塗滿指甲，然後硬化。

指甲油
修補步驟

如果指甲根部跑出來，雖然可以卸除，但還是建議各位採用修補並略微增添點造型變化吧！雖然指甲油很難像凝膠般能夠重塗的很平坦，但在指甲根部貼上水鑽後，新生的指甲根部不但不明顯，還能被點綴得很可愛呢！

修補指甲油的準備工具

水鑽　　　　鑷子　　　　指甲油　　　　去光水　　　　櫸木棉棒
　　　　　　　　　　　（含亮粉）

蝴蝶結配件　　表層護甲油　　指甲油（白色）　　　　木推棒

以去光水將指甲表面抹平 1

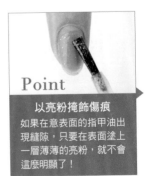

Point
以亮粉掩飾傷痕
如果在意表面的指甲油出現縫隙，只要在表面塗上一層薄薄的亮粉，就不會這麼明顯了！

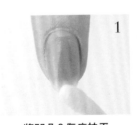

1

將凹凸＆傷痕抹平
以櫸木棉棒沾取去光水，將嚴重凹凸的部分抹平。

Before

指甲變長了
新生指甲的根部長出來了！指甲前端也傷痕纍纍。

將美甲飾品放在指甲根部 STEP 2

Point
以木推棒挑起配件
以木推棒沾取少許表層護
甲油，挑起小配件吧！趁
乾掉前儘快放在指甲上。

3

放上水鑽
以水鑽擺放在配件的兩側。水
鑽要用力壓入表層護甲油內固
定。

2

擺放蝴蝶結配件
指甲表面薄薄塗上一層表層護
甲油，以鑷子夾起配件放在指
甲中央。

指甲前端打造成法式彩繪 STEP 3

Point
以木推棒修正
指甲油塗到指甲外面時，
以木推棒來修正吧！若指
甲油未乾，只需要按壓就
可以了！

5

製作法式彩繪
塗抹中央，製作出法式彩繪
的部分。儘量一氣呵成地描
繪出整齊的線條。

4

塗抹指甲前緣
為了修補指甲前端剝落的部
分，以白色指甲油從指甲前緣
塗起。

8

靜待乾燥
完全乾燥後就大功告成。塗抹
表層護甲油時，從指甲前緣開
始塗才能維持較長的時間。

7

塗抹表層護甲油
以表層護甲油塗滿指甲。製作
成水鑽圍繞鑽飾的感覺。

6

塗抹第二次
塗抹第二次的法式彩繪。修飾
第一次塗抹線條的不均勻。

指甲的疑難雜症對應法

如果指甲出現嚴重問題，當然是要向醫療機關求診，
但若問題不大，用些小技巧，瞬間就能解決問題嘍！

問題 **1** ## 指尖斷裂

對應法 以指甲黏著劑黏合裂縫

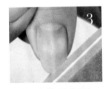 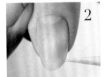 

打磨指甲表面	**以木推棒按壓**	**讓指甲膠水滲入指甲**
以100至120係數的海綿磨棒打磨指甲表面。將膠水凸起的部分磨平。	以木推棒輕輕壓住裂縫處避免翹起，等待指甲膠水乾燥。	以手指輕輕扳起裂縫處，然後讓指甲膠水流入裂縫處。

準備工具

a 指甲膠
b 木推棒
c 海綿磨棒
（100至120G）

問題 **2** ## 指甲分岔

對應法 貼上絲綢來修復指甲

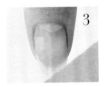 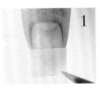

打磨指甲表面	**塗抹上層凝膠**	**修剪絲綢**
為避免凝膠出現厚度，輕輕打磨指甲表面，接著直接上色也OK。	貼好絲綢後，以上層凝膠塗滿指甲，待硬化再擦掉。	依照指甲大小修剪絲綢。當指甲裂開時也可以絲綢來處理。

準備工具

a b c d

a 絲綢
　（指甲修復貼片）
b 上層凝膠
c 海綿磨棒
　（100至120G）
d 光療燈

問題 3

指甲前端缺損……

對應法 以修補貼修補指甲前端

修整線條

以海綿磨棒修整好外緣線條後，打磨整片指甲。

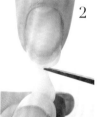

剪掉握把

確認黏著劑已乾燥黏牢後，輕拉握把並以剪刀剪去。

將修補貼貼在指尖上

選擇符合指甲大小的修補貼。捏住修補貼的握把，以指甲膠水黏於指甲前端處。

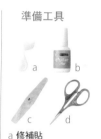

準備工具

a 修補貼
（修補指甲的專用貼片）
b 指甲膠
c 海綿磨棒
（100至120G）
d 剪刀

問題 4

指甲出現嚴重裂痕

對應法 裝上甲片進行全面性的補強

塗抹透明凝膠

以酒精去除油分，塗抹透明凝膠，待硬化後再擦拭乾淨。

修磨線條

以甘皮剪剪掉甲片太長的部分後，再以海綿磨棒修磨外緣的形狀。

黏貼甲片

挑選符合指甲大小的人工甲片，塗好膠水後貼在指甲前端。

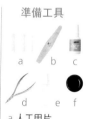

準備工具

a 人工甲片
b 海綿磨棒
（100G至120G）
c 指甲膠水
d 甘皮剪
e 酒精
f 透明凝膠

問題 **5**

指甲輕微分岔

對應法 **輕輕打磨讓分岔合起來**

3

使用拋光棒

以拋光棒收尾。只要
把表面拋光到平滑無
凹凸，分岔就不會蔓
延。

2

使分岔部位更加貼合

以海綿磨棒打磨表
面，讓步驟1推磨的部
分更加貼合。

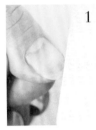

1

以磨棒推磨

磨紗棒僅打磨分岔的
部位就好。

準備工具

a 磨砂棒
（180G）
b 海綿磨棒
（100至120G）
c 拋光棒

問題 **6**

指甲前端跑進髒污

對應法 **以櫸木棉棒清除髒污**

3

以紗布纏繞拇指

如果擦不掉就以紗布
擦拭。以纏繞紗布的
拇指尖端，擦拭指甲
縫隙內。

2

拭去髒污

以步驟1製作的櫸木棉
棒擦拭指甲前端。若
覺得難擦，就沾點去
光水吧！

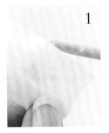

1

製作櫸木棉棒

在木推棒頂端纏繞一
層薄棉花，注意棉花
不要纏太厚，不然無
法進入指甲前端。

準備工具

a 木推棒
b 棉花
c 紗布

問題 7 指甲縱紋太多

對應法 以補甲油來填補溝漕

 3

 2

 1

準備工具

塗抹補甲油

塗抹補甲油（加入纖維的基礎護甲油），填補指甲的溝漕。

去除油分

為了幫助補甲油的凝固，先清除粉塵，再以防潮平衡劑去除油分。

打磨表面

以海綿磨棒輕輕打磨。打磨到表面均勻的程度即可。

a 海綿磨棒
（100至120G）
b 防潮平衡劑
c 補甲油

問題 8 指甲側緣的指肉變硬了

對應法 輕輕打磨再保濕

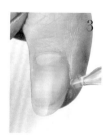 3

 2

 1

準備工具

以指緣油保濕

指緣油直接滴在手指並按摩。於每天洗完澡後進行。

以磨棒推磨

以磨砂棒輕輕磨指甲側緣的指肉。注意不要磨到指甲。

手指浸泡於水中

以容器盛好溫水後，指尖輕輕浸泡於水中約2至3分。

a 一盆熱水
b 磨砂棒
（180G）
c 指緣油

遇到這些情況該怎麼辦？

指甲的疑難雜症
Q&A

本篇彙整了指甲常見的
問題和處理方式，
可以作為您困擾時的參考。

Q 塗上凝膠後
皮膚腫起來了！

A 可能是皮膚過敏。

凝膠指甲使用的是化學物質，某些肌膚敏感脆弱者會突然過敏。一旦皮膚出現泛紅、發癢或起水泡等情況，請立刻尋求專業醫師協助。

Q 指甲為何會
嚴重凹凸不平？

A 乾燥和老化
為主要原因

指甲會隨著年齡而日益乾燥，導致表面的凹凸越來越多。這是任何人都無法避免的現象。然而為了消除凹凸打磨過度，會導致指甲變薄。建議塗抹補甲油等填補溝漕，為指甲打好基底。

補甲油內含有纖維的成份，有填補真甲凹凸不平的效果。

Q 指甲太乾燥
長出好多倒刺，
該如何保養呢？

A 使用護手霜是
最簡單的方法

充分塗抹護手霜進行保濕，再佐以按摩來促進血液循環吧！於倒刺和指緣甘皮塗抹指緣油，然後按摩指緣甘皮周遭。於剛洗完澡等肌膚仍處於柔嫩狀態下進行，效果會更好。

Q

Q

沒有指甲半月，代表不健康是真的嗎？

A 完全是無稽之談！無需在意。

指甲半月即使乍看下看不到，但只要翻開指緣甘皮，任何人都有指甲半月。

它只是被指緣甘皮遮住了，並非不存在，根本不需要在意。不妨將之視為是湊巧發現的個人特徵吧！

Q

發生綠指甲該怎麼辦？

A 都是琥珀色葡萄球菌惹的禍。只要卸甲立刻就會好。

所謂綠指甲，是綠膿桿菌排出的綠色代謝物，不少人會將之誤認為黴菌，但其實它是種細菌。當凝膠與指甲剝離時，一旦滲入水分，細菌就會繁殖，這時必需儘快卸除，並留意保持乾燥和消毒。

Q

該如何管理美甲工具

A 務必消毒後再收好

當美甲工具使用完畢，我們經常會直接收起來，但其實工具上頭，沾有許多肉眼看不見的各種細菌。所以用粉塵刷來清理，能消毒的工具就消毒，並常保清潔。順道一提，美甲沙龍得遵守嚴格的衛生管理規定，所以無論何時何地都會確實遵守規定。

活用各種配件，
盡情享受美甲樂趣

　　想讓指甲造型更上一層樓，建議大家以美甲配件來增添變化吧！美甲用品專賣店從基本款飾品，到偶爾因應潮流推出的新產品都有販售，種類應有盡有。像是水鑽、鉚釘和亮片貼等小配件，只要變換擺放位置和數量，整體印象就會大大不同。此外，美甲貼紙和3D飾品等配飾是指甲彩繪的主角。也可藉由擺放飾品，來掩飾指彩上色不均勻的部分。

✕　✕　✕　✕　✕　✕

美甲師票選出來的好用配件　Top 5

Top.1　水鑽
能夠反射出璀璨光輝的玻璃水鑽和廉價的壓克力水鑽，種類豐富。

Top.2　亮片貼
平面的圓亮片貼不但好貼又不易脫落。也有可以反射光線的類型。

Top.3　美甲貼紙
花朵、蕾絲等各式各樣的花紋一應俱全。是初學者較好上手的飾品。

Top.4　珍珠 & 美甲彩珠
半圓形的配件。由於下方平坦，因此能夠很輕易的放在指甲上。可勾勒出高級感。

Top.5　3D飾品
主角級的飾品。由於特色強烈，主要作為重點強調，所以不會每個指甲都貼。

第 2 章

指甲彩繪
Coloring

學會凝膠指甲及指甲油的基礎之後，
就來挑戰各種指甲彩繪吧！
指甲彩繪不僅有法式和漸層，
還可使用水鑽或美甲貼紙等飾品來點綴指甲，相當有趣，
與適合自己的指甲彩繪來段愉悅的邂逅吧！

指甲彩繪的基本觀念

指甲彩繪的
基礎知識

挑選喜歡的顏色和設計，
讓彩繪的樂趣倍增

　　一般人談到美甲，腦海多半會浮現指甲彩繪而非指甲保養。繽紛豐富的色彩及變化多端的成品，是指甲彩繪的魅力之一。至於指甲彩繪流行趨勢，每年都在變。雖然各大廠商會因應潮流紛紛發表許多新色，但還是要以自身喜好為第一優先。畢竟美甲的首要目的是為了自己，請挑選怎麼看都覺得可愛，感覺會讓手變漂亮的顏色吧！不管是粉紅色、駝色或其他顏色，只要挑選到適合自己膚色的顏色，指尖看起來會更加美麗。此外，選擇符合自己穿著打扮和生活風格的色彩也很重要。

　　指甲油與凝膠之間的最大特徵，在於凝膠「持久」，指甲油「塗抹時皮膚不太會

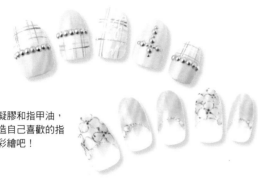

以凝膠和指甲油，打造自己喜歡的指甲彩繪吧！

指甲油的成分為何？

指甲油是用一種名叫丙烯系列硝化纖維的合成樹脂，經過染色後，再以有機溶劑溶出來的塗料。指甲油擁有液體乾燥後會固化，形成薄膜的性質。由於指甲油塗了很快就會乾掉，進行彩繪作業時，筆刷沾取指甲油的分量相形下就變得很重要。如果筆刷沾太多指甲油，外觀會顯得濃稠厚重，或出現外乾內濕的狀況。指甲油漂亮顯色的祕訣在於薄擦多層。勤加練習到以指甲油瓶蓋的刷毛也能將細部塗好的程度吧！

若指彩塗的不均勻，只要將珍珠，或含璀璨亮粉的指甲油塗在上面就不明顯了！

疼痛」。雖然塗指甲油較簡易方便，但很快就會剝落，對於生活忙碌，沒時間認真修補或卸除的人來說，凝膠是較好的選擇。

如果平常礙於上班無法作大膽彩繪造型，但在週末聚會上想要有個人特色的指甲彩繪時，不妨事先以凝膠製作適合日常生活的造型，到了週末，在凝膠上以指甲油打造聚會專用的華麗造型。這樣不僅能因應場合享受到兩種彩繪造型的樂趣，還能避免頻繁卸甲對指甲造成的傷害。

凝膠的成份和特性

凝膠是以聚合物、單體等合成樹脂製作而成，是種活用光聚合特質，亦即照射到紫外線就會凝固的溶劑。凝膠必需照光才會凝固，因此不必像指甲油一樣快速作業。

只要確實塗抹好底層凝膠後，所有凝膠就會自然而然的均勻融合且擴散開來（這種現象被稱作Self-Levelling，自動平衡機能），因此塗抹上較不講求技巧。所以自行美甲的初學者，也許會覺得以凝膠來彩繪較容易。但凝膠畢竟是化學物質，使用時要留意避免沾到皮膚。

凝膠依據軟硬度的不同，大致分為軟式凝膠和硬式凝膠。軟式凝膠照光時的凝結方式緩慢，又富有柔軟性，所以會自然而然符合指甲的形狀，卻有容易吸附到髒污和水分的缺點。為此，必需在上層凝膠上面塗抹會確實凝結的硬式凝膠或半硬式凝膠，包覆指甲表面。由於硬式凝膠粒子間的凝固力非常強，丙酮溶劑無法滲透。因此要卸甲時，只能打磨表面的硬式凝膠。若單純想展現指甲的長度，這時就建議使用水晶

● 指彩的種類

指甲油

指甲油是最普遍且簡單的指彩。英文名稱為
Manicure或Polish。特徵是液體乾燥後就會固化，並
形成一層薄膜。

市面上也出現像爆裂指甲油等新款指甲油

塗在底層指彩上後，就會自然龜
裂（Crack）的指甲油，流露出
時尚韻味而大受歡迎。其他像含
亮粉的指甲油等也很受歡迎。

凝膠

以聚合物、單體等合成樹脂製作，照光就會硬化。凝
膠由於耐久，所以為坊間美甲沙龍普遍使用。

水晶粉

混合粉末和液體進行化學聚合。別名「水晶指甲
（sculpture）」。由於質地相當堅硬，所以能夠雕
塑成指甲的形狀。

粉。水晶指甲是混合粉末和液體來進行化學聚合，製造出的堅硬人工指甲。由於是用非常堅固的分子來製作，擁有堅固、不易斷裂的性質。

指甲彩繪的基本工具

凝膠是必備用品，若沒有它就無法進行作業，
請事先備齊吧！指甲油的魅力則在於使用方便。

凝膠用品

上層凝膠

塗抹於美甲的收尾階段的透明半硬式凝膠，會確實覆蓋住指甲表面。

彩色凝膠

請搭配理想的彩繪設計，多準備幾種彩色凝膠吧！建議搭配自己的膚色來挑選顏色。

底層凝膠

最先塗在指甲上的無色透明凝膠。與指甲的附著性高，只要仔細塗抹，就能延長凝膠的持久性。

凝膠卸除液

卸除凝膠時所使用的溶劑。卸除的竅門在於先用棉花沾取後，在以鋁箔紙密封起來，使卸除液確實滲透指甲。

凝膠清潔液

英文名稱為Gel Cleaner。用於拭去尚未硬化的凝膠。也有和防潮平衡劑並用的類型。

彩繪筆

平筆

斜筆

凝膠筆

塗抹塗膠時使用的筆。除了使用頻率很高的平筆之外，也備好彩繪筆或斜筆，就更方便作業了！

卸甲棉片／紗布

沾取清潔液，拭去未硬化的凝膠。特徵為比棉花較不會起棉絮。

防潮平衡劑

拭除指甲的油分和水分的液體，用來前置作業的收尾階段。可以讓凝膠更加貼合指甲。

鋁箔紙

用來包裹指甲，使卸除液能夠確實滲透進去。要混合璀璨亮粉和透明凝膠的時候，也可以用來當作彩繪調色盤。

棉花

擦拭尚未硬化的凝膠和卸甲等，用途相當廣泛。還可將棉花纏繞於木推棒尖頭來修飾指甲細部。

木推棒

用來修正塗出去的凝膠或挑起配件。以磨棒將木推棒削磨成方便使用的形狀吧！

光療燈

讓凝膠硬化的燈。雖然UV燈和LED燈都可以使用，但照射時間會有所差異。

指甲油（Manicure、Polish）工具

卸甲液

也就是去光水。以棉片沾取擦拭指甲就能卸掉指甲油。但容易引起肌膚乾燥，使用後務必要進行保濕。

指甲油
（Manicure、Polish）

又別名Lacquer。有無光澤質感和含亮粉等款式，種類相當豐富。指甲油尚未乾掉前千萬不能觸碰。

基礎護甲油&
表層護甲油

於上色前塗抹的是基礎護甲油，上色完畢塗抹的則是表層護甲油。市面上也推出許多雙效合一的護甲油。

指甲油上色基本法

確實按照步驟操作，可增加持久性

指甲油與凝膠不同，需要靜置等待乾燥，所以基本上塗抹速度必需要快，因此塗抹分量和瓶蓋刷毛的移動方法也很重要。有些人為增加指甲油的持久性，將第一層的指甲油刻意塗很厚，結果卻適得其反。想增加指甲油的持久性，應該薄擦並多層分次上色。此外，對於第一層指甲油擦的效果感到不太滿意而再三觸碰，反而會讓厚薄不均的情況更嚴重。試著練習到一次就能將指甲油塗抹得很均勻吧！

指甲油上色步驟

STEP 1

去除指甲表面的油分

POINT
以消毒用酒精和清潔液拭去指甲表面的油分。

STEP 2

塗抹基礎護甲油

POINT
以基礎護甲油塗滿指甲，從指甲前緣一路塗抹至整體。

STEP 3

塗抹指甲油

POINT
塗抹順序為中央開始，其次從左到右。基本上要塗兩層。

STEP 4

最後塗抹表層護甲油

POINT
在指甲上放配件才需要進行本步驟。最後塗抹表層護甲油來收尾。

塗抹指甲油的準備工具

| 木推棒 | 指甲油（粉紅色） | 基礎&表層護甲油 | 酒精 | 櫸木棉棒 |

去除指甲表面的油分

STEP 1

2

指甲裡面也要擦拭到

別忘了也要擦拭指甲裡面和前緣。儘量避免碰到肌膚，以免肌膚乾燥。

1

擦拭指甲表面

以櫸木棉棒沾取酒精，拭去指甲表面的油分。

Before

修甲完畢後的指甲

事先進行指緣甘皮保養和修甲，將指甲的形狀和狀態打理好吧！

塗抹基礎護甲油

STEP 2

Point

視指甲狀況
進行二次塗抹

若在意指甲的凹凸又無法塗抹均勻，再塗上第二層，外觀就會好看。

② ① ③

4

塗滿指甲

塗滿整片指甲吧！將指甲縱向分成中央→左→右三個範圍來塗抹，才會塗的好看。

3

從指甲前緣塗起

以刷頭沾取基礎護甲油，從指甲前緣開始塗抹。注意分量不要沾太多。

繞指甲油瓶緣轉一圈

刷頭沾一次之後，繞瓶口轉一圈，抹除多餘的指甲油。

NG ✕

切勿沾太多

指甲油沾太多會導致表面厚薄不一，而且多餘的指甲油還會滴落。

沾取指甲油

於指甲表面塗抹指甲油時，以單面刷頭沾取上圖的分量為佳。

Point

指甲前緣的指甲油要少量

塗抹指甲前緣時，指甲油過多就會沾到肌膚，所以要調整好分量。

塗抹指甲前緣

調整指甲油的分量，刷頭沾取適當的指甲油後，從指甲前緣開始塗抹。

以瓶口弄掉單面的指甲油

最後以瓶口邊緣，抹除另一面刷頭的指甲油。

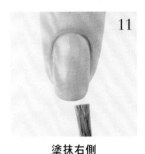

塗抹右側

右側也要塗抹。刷頭置於指甲根部，邊補塗邊輕擦向指甲前端。

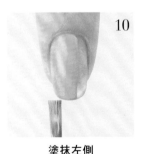

塗抹左側

左側也要塗抹。即使刷頭殘留的指甲油還夠，仍可視情況增添分量。

從中央開始塗起

將刷頭的指甲油調整為適當分量後，從指甲正中央開始塗起。刷頭貼於指甲根部，迅速往下擦。

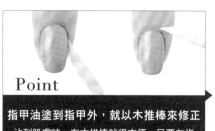

Point

指甲油塗到指甲外，就以木推棒來修正

沾到肌膚時，有木推棒就很方便。只要在指甲油乾燥前擦掉就OK了！即使乾掉了，就以尖頭輕輕刮掉吧！

12

塗第二層指甲油

塗兩層指甲油是基本。返回步驟5，塗抹第二次。

Check: 上色時刷頭的角度

NG ×

刷頭過於直立

刷頭太過直立，很難掌握刷往指甲前端的力道。

NG ×

刷頭過於傾斜

傾斜過度，不但無法調整下筆的力道，也會不小心塗太多指甲油。

OK

傾斜約45度

將刷頭置於指甲根部，下筆時，讓刷頭尖端展開為扇形。

STEP

塗抹表層護甲油收尾 4

Finish

上色完成！

整片指甲上色完畢的狀態。指甲油的色彩均勻又漂亮。

14

塗滿指甲

塗滿整片指甲。要擺放配件時，配件周遭要進行重點性的塗抹。

13

從指甲前緣塗起

表層護甲油同樣是從指甲前緣塗抹，就像塗指甲油般先調整好刷頭沾取的分量。

凝膠上色基本法

由於照光才會凝固，可慢慢調整到滿意為止

凝膠的最大特徵就在於照光才會凝固。優點是凝固之前都能重塗，即使塗失敗也可修復。以指甲彩繪層面而言，不少人會覺得凝膠比指甲油更好塗吧！話雖如此，能夠一氣呵成迅速塗好的效果，當然還是最好看。請以塗刷技術為主進行練習吧！此外，凝膠的持久度，取決於是否有確實作好事前準備，所以上色前的前置作業必需謹慎進行，並於塗抹前再三確認指甲的狀態。

凝膠的上色步驟

塗抹 上層凝膠　STEP 3

POINT

塗抹上層凝膠。從指甲前緣一路塗滿指甲是基本作法。塗抹後就會硬化。

塗抹 底層凝膠　STEP 1

POINT

完成前置作業後，以底層凝膠從指甲前緣開始塗滿指甲，然後硬化。

拭去尚未硬化的凝膠　STEP 4

POINT

以紗布沾取凝膠清潔液，拭去未硬化的凝膠。

塗抹 彩色凝膠　STEP 2

POINT

塗抹彩色凝膠。從指甲前緣開始塗滿指甲後硬化。同樣塗兩次。

凝膠上色的準備工具

光療燈

上層凝膠

彩色凝膠

底層凝膠

凝膠筆
（平筆）

凝膠清潔液

木推棒

紗布

Point

凝膠朝指甲前端一股作氣的迅速塗過，不要停下來。

STEP

塗抹底層凝膠 1

2

塗抹指甲中央

將指甲縱向分3區進行塗抹。以筆沾取凝膠後，先從中央開始塗起。

1

從前緣塗起

先從指甲前緣塗起。以筆沾取分量約2至3粒米粒分量的底層凝膠，塗在指甲上。

Before

完成前置作業

以磨棒修甲後立刻進行前置作業。在指甲去除油分和水分的狀態下上凝膠。

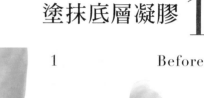

5

照光療燈來硬化

使用UV燈或LED燈照設讓凝膠硬化。請遵照製造商建議的照射時間。

4

塗抹右側

接下來換右側。不用添補凝膠，控制下筆的力道，朝指尖順勢輕滑而過。

3

塗抹左側

不用添補凝膠，直接塗抹左側。刷頭尖端傾斜45度貼於指甲根部，朝指甲前端迅速塗去。

塗抹彩色凝膠

8

塗抹指甲前端

塗抹指甲前端的上半部。由於凝膠不會凝固，塗抹技巧尚未熟練的人，建議採用本步驟的塗法。

7

塗抹指甲前緣

利用筆的平面，沿著線條順勢塗抹，就能塗的很漂亮。

6

拿筆沾取凝膠

以筆沾取彩色凝膠。塗抹指甲前緣時，分量沾少一點。

C heck: **彩色凝膠的分量**

NG ✕

凝膠沾太多！

筆刷雙面都沾凝膠就NG了！單面多餘的凝膠，就以容器的邊緣拭去。

塗抹表面的分量

於筆尖單面，沾取2至3粒米大小分量的凝膠，沾太多會很難塗好。

調整筆刷沾取的分量

以容器邊緣來調整凝膠的分量。如果筆尖沾到凝膠，就以邊緣擦掉凝膠。

11

照光使凝膠硬化

第二層凝膠塗抹均勻後就照光硬化。還不太熟練的人，請一次照一根手指就好。

10

塗第二層凝膠

塗滿指甲後，就去照光讓凝膠硬化。之後按照相同步驟塗第二次。

9

塗滿指甲

從指甲根部開始塗抹。同樣依序分成中央→左→右3區進行縱向塗抹，就會塗得很漂亮。

塗抹上層凝膠 STEP 3

 14

塗滿指甲
筆貼於指甲根部，就像要刷向自己面前般，輕柔並一股作氣的塗上凝膠。

 13

塗抹前半側指甲
以彩色凝膠的塗抹方式，塗抹指甲前端（負荷點到前方的部位）。

 12

從指甲前緣塗起
以筆沾取少量的上層凝膠，以先前教過的方式從指甲前緣開始塗抹。

拭去尚未硬化的凝膠 STEP 4

 Finish

上色完成！
凝膠塗抹的均勻又漂亮。只要有留意保養，約可維持2至3周。

 16

拭去尚未硬化的凝膠
最後以紗布沾取凝膠清潔液擦拭，為指甲擦出光澤。

 15

照光讓凝膠硬化
讓上層凝膠硬化。整片指甲疊上一層薄凝膠後，會延長凝膠的持久性。

Check: 凝膠塗到指甲外面的對應方法

凝膠溢出來
以櫸木棉棒沾取凝膠清潔液來擦拭。

塗出去指甲根部
微抬木推棒，以尖頭擦去凝膠。

塗到指甲側緣線上面
讓木推棒尖頭的線條與手指角度一致，然後一口氣擦掉。

足部保養 & 彩繪的基本觀念

替腳趾甲上色前，
先進行保養吧！

近來大家對腳趾甲的關心度日益升高，不過腳趾甲的重點就是保養。足部的組織比手部還厚，又經常承受壓力而引發角質化，若置之不理，就會因乾燥而變得粗糙龜裂。

足部保養必需留意腳趾甲不能剪太短。特別是小趾甲往往會剪太多，成為「沒有腳趾甲」的最大原因。面對難纏的角質，就以去角質磨腳棒來處理保養，至於雞眼和胼胝等問題，建議以按摩來改善。無法自行保養者，建議交由美甲沙龍店來處理。

足部保養的準備工具

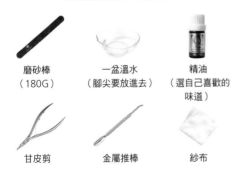

磨砂棒
（180G）

一盆溫水
（腳尖要放進去）

精油
（選自己喜歡的
味道）

甘皮剪

金屬推棒

紗布

進行足浴軟化腳趾甲

STEP 1

> **Point**
> 水溫為40至42°C。也可享
> 受精油的芳香。

開始足浴

進行10至15分鐘的足浴。覺得水冷了，就倒點熱水瓶的熱水進去。

滴入精油

以水盆裝好約40度左右的溫水，滴幾滴自己喜歡的精油。

STEP 2

> **Point**
> 腳趾甲的甲溝比手指甲還深，所以要經過充分軟化後才能推起來。

推整指緣甘皮

以推棒上推

以金屬推棒把指緣甘皮向上推。使用圓推頭自然推起甘皮。

磨圓邊角

為避免腳趾甲的邊角勾到衣物，將邊角磨圓是基本程序。

修磨腳趾甲長度

以磨砂棒修磨長度。平行貼於趾尖，朝單一方向移動。

STEP 3

去除甲上皮角質

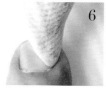

足部保養完成！

推開指緣甘皮後，腳趾甲的範圍也大了一圈，形狀也修剪過了！以同樣作法來保養其餘的腳趾甲吧！

以甘皮剪掉倒刺

有倒刺就用甘皮剪吧！同時還能修剪擦不掉的甲上皮角質。

以紗布包拇指擦拭

紗布纏繞拇指後沾水，擦去甲上皮角質。

腳趾甲上色的步驟

【抹指甲油】

先塗基礎護甲油再上色

STEP 1

POINT

塗抹基礎護甲油，依照前緣、中央的順序來上色。

↓

表面乾掉後塗第二次

STEP 2

POINT

也同樣為趾甲左右上色。和手指甲一樣要塗兩次。

↓

最後塗上表層護甲油

STEP 3

POINT

以表層護甲油塗滿趾甲，擦掉塗出去的部分。

【塗抹凝膠】

前置作業後塗抹底層凝膠

STEP 1

POINT

以磨棒打磨，拭去油分後塗抹底層凝膠。

↓

塗抹彩色凝膠

STEP 2

POINT

以彩色凝膠從前緣開始塗滿趾甲。硬化後進行二次塗抹。

↓

拭去尚未硬化的凝膠

STEP 3

POINT

塗抹上層凝膠，讓凝膠硬化後，再拭去尚未硬化的凝膠。

腳趾甲上色的基礎知識

塗抹甲面小的趾甲時，先調整好刷頭沾取的分量再塗抹吧！

由於腳趾甲的上色面積比手指甲小，所以刷頭沾取塗料的分量，是成果好壞的關鍵所在。趾甲上色時，也得留意刷頭的寬度和下筆的力道。像下筆中央部位時力道稍強，底端和尖端則力道放輕等，請配合塗抹的指甲，將下筆的力道控制自如吧！腳趾甲的生長速度比手指甲緩慢，因此只要確實作好一次保養上色，就不用頻繁地修補。

若想進行腳趾甲彩繪時，儘量採用平面的造型設計，避免使用太過立體的飾品。

塗抹指甲油

腳趾甲上色的準備工具

基礎＆表層護甲油　　　　彩色指甲油

先塗基礎護甲油再上色

 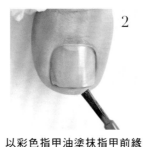 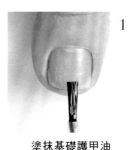

塗抹指甲中央　　　　**以彩色指甲油塗抹指甲前緣**　　　**塗抹基礎護甲油**

3　　　　　　　　　　2　　　　　　　　　　1

塗抹指甲中央	**以彩色指甲油塗抹指甲前緣**	**塗抹基礎護甲油**
把趾甲縱向分成3區塗抹。刷頭先放在中央部位，從趾甲根部迅速刷到趾甲前端。	刷頭沾取少量的指甲油，從前緣部分塗起。注意不要沾到肌膚。	足部保養後，全部腳趾甲塗上基礎護甲油。從趾甲前緣開始塗滿趾甲。

表面乾掉後塗第二次

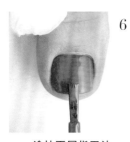  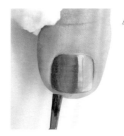

6　　　　　　　　　　5　　　　　　　　　　4

塗抹兩層指甲油	**塗抹右側**	**左側也要塗抹**
待指甲油乾掉後就塗第二層指甲油。以拇趾把兩側趾肉往下壓，塗抹趾甲壁的附近。	這次換右邊。刷頭輕放在趾甲根部，刷往趾尖時，稍微加重下筆力道。	塗抹左邊。刷頭尖端傾斜45度放在趾甲根部後，一路刷移到趾甲前端。

塗抹表層護甲油收尾

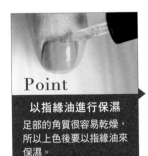

Point

以指緣油進行保濕

足部的角質很容易乾燥，所以上色後要以指緣油來保濕。

8

上色完成！

若指甲油塗到外面，就以木推棒和櫸木棉棒來修正。

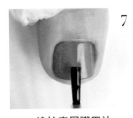

7

塗抹表層護甲油

以刷頭沾取表層護甲油塗抹指甲。同樣從趾甲前緣開始均勻塗滿指甲。

 ## 塗抹凝膠

上色腳趾甲的準備工具

彩色凝膠　　　　底層凝膠　　　　海綿磨棒　　　　　凝膠筆
　　　　　　　　　　　　　　　（100至120G）　　（平筆）

光療燈　　　　凝膠清潔液　　　　紗布　　　　上層凝膠

前置作業後塗抹底層凝膠

3

塗抹底層凝膠

粉塵清乾淨後，以清潔液拭去油分，再塗抹底層凝膠硬化。

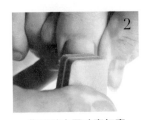

2

指甲壁也要確實打磨

磨棒拿直，慢慢打磨指甲壁周遭細部。

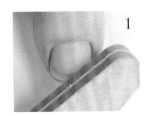

1

打磨指甲表面

以海綿磨棒輕輕打磨整片指甲表面。

STEP 2 塗抹彩色凝膠

6

讓凝膠硬化並塗第二層

照光讓第一層凝膠硬化後，按照相同順序塗抹第二次，再照光硬化。

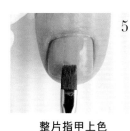

5

整片指甲上色

以筆沾取彩色凝膠，按照中央→左→右的順序，從趾甲根部開始塗滿趾甲。

4

塗抹趾甲前緣

以筆沾取少量彩色凝膠，從趾甲前緣的部分塗起。

STEP 3 拭去尚未硬化的凝膠

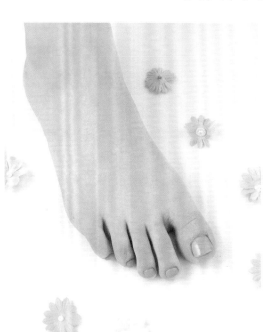

7

塗抹上層凝膠

最後塗上層凝膠。按先前提到的步驟，從趾甲前緣開始塗滿趾甲，然後照光硬化。

8

拭去尚未硬化的凝膠

以紗布沾取凝膠清潔液，拭去未硬化的凝膠就完成了！

思考適合自己的
指彩配色吧！

多方嘗試色彩搭配，享受無限延伸的設計樂趣

　　所謂指彩配色，就是以底色搭配其他色彩、配件顏色和線條顏色等，造型變化多端。雖然配色主要是看個人喜好，不過指甲由於面積小，揮灑的空間有限，所以外觀漂亮的色彩搭配，往往是採用對比色或同色系。挑選底色的相反色來搭配，相反色會搖身一變成強調色，成為增色整體造型的香辛料。選擇同色系，會醞釀出色彩的深邃感。憑天馬行空的創意，自由徜徉在指甲彩繪的樂趣當中吧！

選擇適合自己膚色的色彩

　　我能體會指甲彩繪時，那種「想塗自己喜歡的顏色來振奮心情」的想法，但其實不同膚色適合的色彩，也會有微妙的差異。即使是粉底，也要根據健康膚色、白皙膚色、偏粉紅的膚色和偏黃膚色來作各種選擇，同理可證，指彩也有分適合或不適合。無論是指甲油和凝膠，都有推出同家廠商變換色調的多種產品，請對照自己的膚色來進行挑選吧！受到日本人歡迎的淺褐色及粉紅色，都是能多元搭配色彩，相信您一定能找到適合自己的色彩。

指彩搭配範例

同色系搭配

淺褐色
×
紅色
×
金色

想搭配像亮粉等發光配件時，若為暖色系請挑選金色。

白色
×
白色

白底色以白色配件來搭配，散發出高雅和深邃感。

粉紅色
×
棕色
×
黑色

是豹紋的基本色。以粉紅色當底色後，印象頓時轉為柔和。

相反色搭配

黑色
×
灰色
×
銀色

想於單色調內增添光彩就選銀色吧！整體印象轉為高貴內斂。

海軍藍
×
白色

深色和淺色的組合。運用強烈對比來引人注目。

粉紅色
×
黑色

替色彩增添恰到好處的衝突性。以偏童趣風格的花紋來進行緩衝。

你適合什麼顏色？

粉紅色系膚色

白裡透紅的膚色

推薦像淡粉嫩色等柔和的色調。藍色系會讓臉色變難看，應該儘量避免。

粉彩色

偏紅的健康膚色

推薦和肌膚同色系的深色。像深紅色、藍色、褐色這類鮮明的色彩就很適合。

有某種程度的深色

健康膚色 ———

——— 健康膚色

白皙膚色

選擇略微帶黃色的淡色系，可以讓肌膚看起來更加明亮。

隱約帶黃的顏色

偏黃的健康膚色

明亮的鮮豔色系非常適合健康膚色。像綠色就是一例。

明亮色

黃色系膚色

指甲彩繪
①

法式彩繪

法式彩繪的
魅力

一起來學習人氣屹立不搖的
法式彩繪吧！

所謂法式彩繪，就是在指甲前端採用和底色不同的色彩，描繪出細弧狀。法式彩繪不但容易繪製，又會散發高貴或可愛的韻味，堪稱指甲彩繪中最受歡迎的設計。只要在修整成黃金比例的指甲上描繪法式彩繪，外觀就會相當協調美麗。然而，大部分人的指甲並非黃金比例。遇到這種時候，邊線的描畫方式就得花點心思，像是指甲小的人建議描繪弧度小的細線，指甲大的人則描繪比微笑線略大的粗線等，只要掌握原則，所有人都可以擁有漂亮的法式指甲。

每個指甲類型都有各自適合的設計，最好審視整體平衡來決定彩繪設計。

● 基本的法式彩繪

V形法式彩繪

平行法式彩繪

心形法式彩繪

波浪形法式彩繪

盡情徜徉在五花八門的法式彩繪世界吧！

法式彩繪的種類千變萬化，首先最基本款就是將指甲前端塗成圓弧狀的設計，其他還有給人鮮明印象，將指尖塗成V字的V形法式彩繪。平行線的平行法式彩繪散發出都會般的成熟韻味。尖端為愛心形的心形法式彩繪，是很有女人味的設計。一般的法式彩繪，在描繪外框上會有點難度，尚未熟練之前，可能會覺得很難上手，但如果是描繪像V形指甲等直線條的款式，相對來說會比較容易，推薦給初學者練習。關於指甲貼，最好挑選較容易符合指甲弧度的薄型款，至於塗出去的部分，就以磨棒修磨掉吧！

市面上也開始販售法式彩繪專用的法式指甲貼，也可用來練習。最近畢竟法式彩繪是指甲彩繪之中，最會散發出自然氣息的設計，也可說是以彩繪重現理想指甲協調性的款式。而且若底色採用如透明色等色彩，就算指甲長出來了也不明顯，可長時間玩賞。

Coloring

指甲彩繪①／法式彩繪

FRENCH ART 1
French Art

法式彩繪的塗法

本篇將介紹基本法式彩繪法。
無法順利描繪指尖的顏色時,
建議使用法式彩繪專用的法式指甲貼。

使用凝膠彩繪

法式彩繪的準備工具

h　　g　　f　　e　　d　　c　　b　　a

a 底層凝膠　b 打底用的彩色凝膠（粉紅色）　c 指尖用色的彩色凝膠（白色）
d 凝膠筆（斜筆）　e 凝膠筆（平筆）　f 彩繪筆　g 上層凝膠　h 光療燈

塗抹底色 STEP 1

塗第二次底色
同樣塗抹第二次底色然後照光硬化。也要確實塗抹到指甲壁。

塗抹底色
塗抹打底用的彩色凝膠。按照前緣→整體的順序塗抹,然後照光硬化。

塗抹底層凝膠
前置作業後,以平筆塗抹底層凝膠。從前緣開始塗滿指甲後,照光硬化。

100

Point
想像自己在描繪V字，兩側端點就會對稱。

塗抹法式彩繪
STEP 2

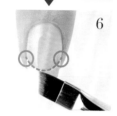

6

塗抹左側線條
同樣描繪左側線條。讓斜筆橫躺然後一鼓作氣塗好。

5

塗抹右側線條
直接描繪右側線條。斜筆從指甲尖端移到指甲側緣1／3處後，再移往中央。

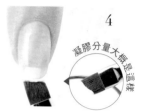

4

凝膠分量大概是這樣

塗抹尖端的中心
以斜筆沾取少量指尖用色凝膠，先從中央下筆。

修正線條後塗第二次
STEP 3

87

塗抹第二次法式彩繪
塗完後就照光硬化，再次以平筆沾取凝膠，塗第二次。

Point
使用彩繪筆吧！
若指甲兩端出現縫隙，就以筆頭細尖的彩繪筆來補塗吧！

7

修正法式彩繪的邊線
將乾淨的平筆放在法式邊線的底側，修正法式邊緣線的形狀。

Finish

法式彩繪完成！
以淡粉紅色和白色組合成的基本款法式彩繪。只要改變配色，整體印象又會大不同。

10

塗抹上層凝膠收尾
作完步驟9並硬化後，以上層凝膠塗抹至指甲前緣並照光硬化，最後拭去未硬化的凝膠。

9

一邊修正邊線一邊塗
一邊想著要塗抹均勻，一邊沿著第一次塗好的線條來描繪。

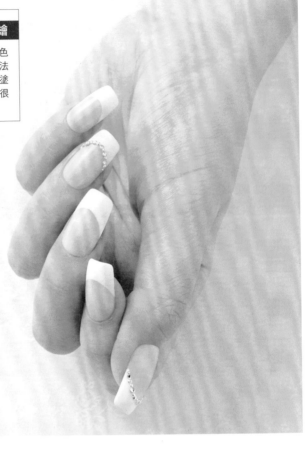

{妝點彩繪}
搭配寶石和配件的彩繪造型

蝴蝶結配件

在中央放上3D蝴蝶
結，點綴出可愛氣
息。

豹紋

指甲前端描繪豹紋小
圖案。塗料為壓克力
顏料。

水鑽

當法式邊線畫的不太
好看時，以此掩飾就
不明顯了！

亮粉線

以銀色亮粉描繪出細
線條，頗有突顯法式
邊線的效果。

DESIGN COLLECTION
法式彩繪精選範例

3
以純潔的白色搭配土耳其藍
營造清爽感

1
以金粉線條，
勾勒出法式彩繪指甲的美麗

4
使指尖看起來纖長的窄法式
彩繪指甲

2
高貴的法式彩繪指甲，
以強調色點綴出異國情調！

HOW TO MAKE

3 底層凝膠、透明凝膠、彩色凝膠（白色）、璀璨亮粉（金色）、水鑽（加勒比藍色）、美甲彩珠（金色）、上層凝膠

1 以白色凝膠製作法式彩繪〔#〕。 2以璀璨亮粉畫線〔#〕。 3在拇指和無名指的法式邊緣線上，交互排列水鑽和美甲彩珠來裝飾〔#〕。

4 底層凝膠、透明凝膠、彩色凝膠（黑色、淺米褐色）、蕾絲美甲貼紙、珍珠、水鑽（明亮暹羅紅色、水晶色、亮澤黑色）、美甲彩珠（銀色）、上層凝膠

1 以淺米褐色凝膠塗滿指甲〔#〕。 2 以黑色凝膠描繪法式彩繪〔#〕。 3 於無名指放上珍珠、水鑽和美甲彩珠〔#〕。 4 小指和無名指以外的手指貼蕾絲美甲貼紙〔#〕。

1 底層凝膠、透明凝膠、彩色凝膠（珊瑚粉紅色）、璀璨亮粉（金色）、蝴蝶結配件、上層凝膠

1 以珊瑚粉紅色的凝膠製作法式彩繪〔#〕。 2 以璀璨亮粉畫出線條〔#〕。 3 將蝴蝶結配件放在無名指的金線上〔#〕。

2 底層凝膠、透明凝膠、彩色凝膠（珊瑚粉紅色、粉紅色、黃綠色、淺藍色、橘色）、美甲線條貼紙（金色）、水鑽（深紅色、土耳其藍色）、美甲彩珠（金色）、亮片貼（金色）、上層凝膠

1 以珊瑚粉紅色的凝膠製作法式彩繪〔#〕。 2 在拇指和無名指以粉紅色、黃綠色、藍色、橘色的凝膠塗成棋盤格紋〔#〕。 3 在步驟2的色塊邊界處貼上美甲線條貼紙〔#〕。 4以水鑽、美甲彩珠和亮片貼分別點綴其他手指。

＊ 等塗完底層凝膠後再開始　＊〔#〕…照光療燈讓凝膠硬化
＊ 最後塗上上層凝膠，使之硬化後，以凝膠清潔液拭去未硬化的凝膠

FRENCH ART 2
ReverseFrenchArt
反法式彩繪的塗法

加大法式彩繪的範圍，上下塗不同色彩就是反法式彩繪。
與法式彩繪一樣，有許多可愛的設計。
新生指甲不明顯是受歡迎的祕密。

 使用凝膠彩繪

準備工具

| 光療燈 | 上層凝膠 | 璀璨亮粉 | 透明凝膠 | 打底使用
彩色凝膠
（珊瑚粉紅色） | 法式指甲使用
彩色凝膠
（珍珠白色） | 凝膠筆
（平筆） |

Point
請以筆的斜邊描線條。

STEP
描繪反法式的線條 1

3 **2** **1**

描繪左側線條
也要描繪左側線條。記得要緩
慢移動刷頭，才會呈現出自然
的圓弧狀。

描繪右側線條
利用彩繪筆斜角，就像要描繪
拱形般從右側刷到中央。

將筆擱於指甲中央
塗抹透明凝膠使之硬化後，以
珊瑚粉紅色凝膠塗滿指甲後照
光硬化。將珍珠白色凝膠置於
中央。

塗第二次後，以上層凝膠收尾

5

塗抹第二層凝膠讓顏色均勻
同樣塗上第二層凝膠。照光硬化後，最後塗抹上層凝膠就完成了！

Point

修正溢出的凝膠
凝膠不慎塗到指甲外面時，就以乾淨的凝膠筆來修正線條。

②①③

4

塗抹法式彩繪
將步驟3描繪的線條依照中央→左→右的順序刷向指尖，然後照光硬化。

{妝點彩繪}
塗抹亮粉

Point

沾取些微亮粉
筆尖沾的亮粉以少量為佳。

1

塗抹透明凝膠
在反法式的部分薄塗透明凝膠。

以指甲油彩繪
想以指甲油描繪反法式彩繪時，以美甲繪筆代替指甲油的刷毛，塗起來才會漂亮。

3

亮粉延伸到前端
以亮粉朝指甲前端作出漸層感。

2

塗在邊線上
將亮粉點在反法式的邊線上。

Finish

亮粉閃閃發亮！
拭去未硬化的凝膠就完成了！

4

上層凝膠
以上層凝膠塗滿指甲後照光硬化。

EccentricFrenchArt

變形法式彩繪的塗法

法式彩繪，並非只限在指甲前端描繪出微笑線。
還有斜線、雲朵線、心形線條等各式各樣的設計。

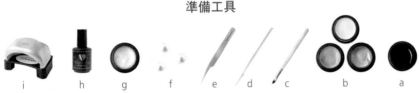

使用凝膠彩繪

準備工具

i   h   g   f   e   d   c   b   a

a 底層凝膠　b 法式用彩色凝膠（粉紅色、灰色、金色）　c 凝膠筆（平筆）
d 彩繪筆　e 鑷子　f 珍珠　g 打底用亮粉凝膠　h 上層凝膠　i 光療燈

描繪變形法式（心形）彩繪的線條

STEP
1

描繪右側心形

在圖案的隔壁畫圓，形成完整
心形。因為只是描線條，所以
色彩不均勻也沒關係。

描繪左側心形

以筆沾取粉紅彩色凝膠，就像
在左側畫圓般描繪出半邊心
形。

塗抹底層凝膠

塗抹底層凝膠照光硬化後，以
亮粉凝膠以中央→左→右的順
序縱向塗抹，然後硬化。

塗第二次後，以上層凝膠收尾

塗抹心形法式彩繪

畫好線條後，筆直接迅速朝指甲前端移動，塗滿心形內部後就照光硬化。

塗第二次讓顏色均勻

同樣塗第二次後硬化。第一次要將線條塗漂亮，第二次是要把顏色塗均勻。

心形法式彩繪完成！

以上層凝膠塗滿指甲，照光硬化後以凝膠清潔液擦拭乾淨就完成了！

STEP 2

〔點綴彩繪〕

雙色法式的塗法

塗第二層灰色心形

將法式變成雙層。於指甲前端塗上灰色後硬化。

描繪亮粉線條

彩繪筆沾取金色亮粉，於邊線上描繪線條。

Finish

俏皮感加倍！

以上層凝膠來收尾，更增添了甜美感。

寶石的配置方式

塗抹透明凝膠

在心形法式的中央處塗上透明凝膠。

放上珍珠

放上一粒珍珠，描繪亮粉線後硬化。

Finish

營造惹人憐愛的印象！

最後塗上層凝膠，完成惹人憐愛的指尖。

以指甲油彩繪

以指甲油描繪心形和雲朵形法式時，也要像凝膠一樣塗兩層，把顏色塗均勻。

DESIGN COLLECTION
反法式・變形法式彩繪 精選範例

3
採用基本款的單片反法式，
營造衝擊性

反
法式彩繪

1
讓指甲前端看起來細長的
窄版法式彩繪

4
以漸層粉彩色與亮粉，
打造讓人耳目一新的反法式

2
粉紅色V形法式彩繪，
以寶石點綴無名指

HOW TO MAKE

3 底層凝膠、透明凝膠、彩色凝膠（珊瑚橘
色）、壓克力顏料（褐色、粉紅色）、璀璨亮
粉（粉紅色）、水鑽（水晶色、琥珀色、極光
色）、美甲彩珠（金色）、蝴蝶結配件、上層
凝膠

1 以筆沾取珊瑚橘色凝膠，製作反法式
〔#〕。 2 以壓克力顏料於無名指繪製豹紋圖
案 3 以璀璨亮粉沿著法式邊緣線描出亮粉線
〔#〕。 4 在拇指放上水鑽、美甲彩珠，無名
指則放上蝴蝶結配件〔#〕。

4 底層凝膠、透明凝膠、彩色凝膠（灰白色、白
色、珊瑚橘色、水藍色、黃色、亮粉、水鑽
（極光色、白蛋白色、淺粉紅色）、美甲彩珠
（銀色）、上層凝膠

1 指甲根部1／3處到前端，按照珊瑚橘色、黃
色、灰白色、水藍色的順序縱向塗色，以筆模
糊界線製作出漸層感〔#〕。 2 指甲前端塗上
白色〔#〕。 3 於步驟2的部分
灑上亮粉製作閃亮感〔#〕。 4 將水鑽、美甲
彩珠排列在法式邊緣線上〔#〕。 5 把璀璨亮
粉混在透明凝膠內，塗抹整個無名指〔#〕。

1 底層凝膠、透明凝膠、彩色凝膠（珊瑚橘
色）、水鑽（白蛋白石色）、美甲彩珠（金
色）、璀璨亮粉（金色）、上層凝膠

1 以筆沾取珊瑚橘色凝膠，將食指以外的手指
製作成反法式〔#〕。 2 以璀璨亮粉描繪中指
和小指的法式邊緣線〔#〕。 3 將璀璨亮粉混
合透明凝膠，塗抹食指〔#〕。 4 以水鑽和美
甲彩珠，交替排列點綴拇指與無名指的法式邊
緣線〔#〕。

2 底層凝膠、透明凝膠、彩色凝膠（珊瑚粉紅
色、橘色、粉紅色）、金色亮粉、水鑽（藍
色、粉紅色、橘色、綠色）、圓珠（金色）、
角珠（金色）、美甲彩珠（金色）、上層凝膠

1 以筆沾取珊瑚橘色凝膠，將食指以外的手指
製作成反法式〔#〕。 2以璀璨亮粉描繪中指
和小指的法式邊緣線〔#〕。 3將璀璨亮粉混
合透明凝膠，塗抹食指〔#〕。 4以水鑽和美
甲彩珠，交替排列點綴拇指與無名指的法式邊
緣線〔#〕。

＊等塗完底層凝膠後再開始 ＊〔#〕…照光療燈讓凝膠硬化
＊最後塗上上層凝膠，使之硬化後，以凝膠清潔液拭去未硬化的凝膠

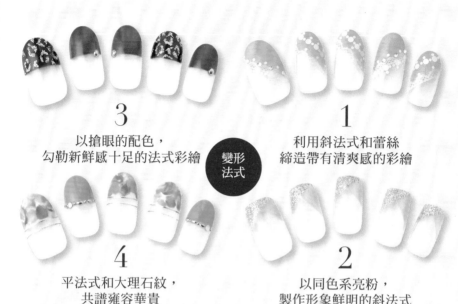

3

以搶眼的配色，
勾勒新鮮感十足的法式彩繪

**變形
法式**

1

利用斜法式和蕾絲
締造帶有清爽感的彩繪

4

平法式和大理石紋，
共譜雍容華貴

2

以同色系亮粉，
製作形象鮮明的斜法式

HOW TO MAKE

3　底層凝膠、透明凝膠、彩色凝膠（海軍藍色、
　　粉紅色）、璀璨亮粉（金色）、方形鉚釘（金
　　色）、上層凝膠

　　1 以海軍藍凝膠在拇指和無名指上製作平
　　法式〔#〕。 2 以璀璨亮粉描繪豹紋圖案
　　〔#〕。 3 粉紅凝膠在其餘手指塗抹平法式
　　〔#〕。4 步驟3的邊線上擺放金色鉚釘。

4　底層凝膠、透明凝膠、彩色凝膠（珊瑚橘色、
　　白色、粉紅色、黃色、玫瑰色）、美甲膠帶
　　（金色）、水鑽（白蛋白色）、葉形鉚釘（金
　　色）、美甲彩珠（金色）

　　1 以筆沾取珊瑚橘色凝膠，在食指和小指描繪
　　平法式〔#〕。 2以筆沾取白色凝膠，在其餘
　　手指上描繪平法式〔#〕。 3 塗第二次白色凝
　　膠後先不要硬化，以沾點的方式塗上粉紅色、
　　黃色、玫瑰色、珊瑚橘色的凝膠，以筆輕輕混
　　色，製作出大理石紋彩繪 〔#〕。 4 於步驟
　　3的邊線上貼上美甲膠帶。 5 審視整體平衡，
　　在食指和小指上放上配件。

1　底層凝膠、透明凝膠、彩色凝膠（粉紅色）、
　　蕾絲美甲貼、大・小亮片（白色）、水鑽（水
　　晶色）、上層凝膠

　　1 以筆沾取粉紅色凝膠，塗抹拇指、食指、中
　　指的斜右下角，以及無名指和小指斜右上角
　　製作法式〔#〕。 2 將蕾絲美甲貼貼在法式
　　邊緣線上 3 將大小亮片貼在拇指、無名指的
　　空白部位，以及食指、中指和小指的粉紅部位
　　〔#〕。

2　底層凝膠、透明凝膠、彩色凝膠（珊瑚橘
　　色）、璀璨亮粉（金色）、上層凝膠

　　1 以筆沾取珊瑚橘色凝膠，斜塗指甲前端製作
　　法式〔#〕。 2 以金色璀璨亮粉混合透明凝
　　膠，描繪於步驟1的斜右上角〔#〕。

指甲彩繪
②

大理石紋彩繪

大理石紋彩繪
的魅力

多色混合的大理石紋，
可以混色方式來改變印象

大理石紋是在指甲上增添各種色彩，趁尚未乾掉前混色的彩繪方式。可藉由色彩渲染的細緻程度，改變最後呈現的效果。配色也是相當重要的因素。即使採用同色搭配，依然能以混色方式呈現出變化。將大理石紋製作得更細膩，就會變成Tie-Dye風（如同大理石般的深度渲染彩繪）。像大理石紋這種既簡單又高應用性的彩繪，是必學的彩繪技術。

以指甲油也可以輕易製作出大理石紋。將指甲油滴入水中製作水染大理石紋美甲，是指甲油的專屬彩繪技術。但是指甲油會慢慢乾掉，要趁指甲油尚未變硬時進行彩繪作業。

MARBLE NAIL ART 1
Marble Art

大理石紋彩繪的塗法

在指甲上混色形成大理石紋。
以搭配的色彩和混色方式彰顯出品味。
如果覺得顏色不夠，之後再添色並進行混色吧！

以指甲油彩繪

準備工具

基礎&表層護甲油

底色用的指甲油
（紫色）

大理石紋用指甲油
（粉紅色、白色）

亮粉指甲油
（白色、金色）

STEP
塗抹底色 1

3

塗第二次底色

同樣進行步驟2塗第二層。將刷頭置於指甲根部，使刷毛散開成扇形，然後迅速塗到指甲前端。

2

塗抹底色

這次選擇紫色來當底色。指甲油同樣從指甲前緣薄塗整片指甲。

1

塗抹基礎護甲油

前置作業完成後，塗抹基礎護甲油。先塗抹前緣再塗滿指甲。

以刷毛加色並進行混色

以透明指甲油來混色

以刷毛沾取少量透明指甲油，將步驟5的顏色以隨意劃圓的方式進行混色。

疊上白色

同樣以刷毛沾取白色指甲油，沾點於粉紅圓點處。

沾粉紅色指甲油

以刷毛沾取粉紅色指甲油，點在指甲的三處。

〔點綴彩繪〕

以亮粉營造細微差異

以亮粉拉線點綴。以輕盈劃過的方式描繪，增疊鬆散的線條。

塗抹表層護甲油

盡量將彩繪塗抹平坦後，塗上表層護甲油。

以粉紅色來添補色調

覺得色彩混合過度色調不夠鮮明時，就在混合的色彩上添加點粉紅色吧！

以凝膠彩繪

準備工具

凝膠筆
（平筆）

上層凝膠

大理石紋彩繪用彩色凝膠
（紫色、粉紅色、白色）

底色用底層凝膠、
璀璨亮粉

凝膠清潔液

LED光療燈

璀璨亮粉

彩繪筆

於底色上疊色 STEP 1

 3

 2

1

再疊上白色

以筆沾取白色凝膠疊在指甲上。描繪線狀的優點在於不太會在表面形成厚度。

於紫色線條疊上粉紅色

將粉紅色彩色凝膠添加在紫色線條上，同樣描繪出連續的曲線。

將紫色凝膠塗線條狀

塗好兩層底色後，在尚未硬化的情況下，以紫色凝膠在上面描繪線條。

Point

以指甲油描繪時，由於底色還沒乾，可以滴一滴顏色來確認渲染方式，至於凝膠為了方便以細筆混色，所以要描繪成線狀。

以彩繪筆混色 STEP 2

以彩繪專用的細筆混色

以彩繪用的細筆，以畫圓的方式混合三色。等凝膠發揮自平性後就硬化。

 4

{點綴彩繪}

放上亮粉作出差異感

以透明凝膠塗滿指甲後，以筆沾取亮粉，沾在部分指甲上。

 1

以上層凝膠收尾

塗抹上層凝膠並硬化，以凝膠清潔液拭去未硬化的凝膠即完成。

 2

Water Marble
水染大理石紋彩繪

將指甲油滴在水中後沾在指甲上，
本篇將介紹水染大理石紋美甲的彩繪方法。

水染大理石紋的準備工具

a 一杯水　b 彩色指甲油（粉紅色、白色、黃色、
綠色）　c 亮粉凝膠（銀色）　d 牙籤　e 欅木棉
棒　f 基礎&表層護甲油

Point

混色前的小訣竅
等指甲油蔓延到碗
緣後，整體顏色就
不會晃動了！

3 以牙籤混色

適度混合色彩。趁指
甲油未乾的時候儘快
混色。

2 依序滴入指甲油

接下來按照白色→綠
色→黃色的順序於中
央滴色。

1 在水中滴入粉紅色

裝一杯水，將粉紅色
指甲油滴在水面中央
處。

7 塗抹表層護甲油

等指甲油乾到一定程
度，塗抹表層護甲油
收尾。

6 擦掉顏色

以欅木棉棒沾去光
水，擦掉沾到皮膚上
的顏色。

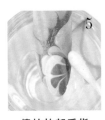

5 儘快抬起手指

指甲一旦染色，就要
立刻從水中抬起指
甲。速度就是關鍵。

4 將指甲浸水

適度混色後，手指往
下浸水到第一指節。

114

DESIGN COLLECTION
大理石紋彩繪精選範例

3
為粉紅色增加深度的
新鮮白色大理石紋

1
法式混合大理石紋的
豪華指甲

4
瀰漫春天溫柔氣息的
浪漫指甲

2
以粉紅色&白色打造甜美氛圍的
大理石紋彩繪

HOW TO MAKE

3　底層凝膠、透明凝膠、彩色凝膠（玫瑰粉紅色、白色）、土耳其石、水鑽（琥珀色、水晶色）、圓鉚釘（金色）、美甲彩珠（金色）

1 以玫瑰粉紅色凝膠塗抹所有指甲〔#〕。2 塗第二次凝膠，食指和無名指照光硬化。3 其餘手指在尚未硬化的情況下，放上白色凝膠〔#〕。4 以筆混合凝膠，製作大理石紋〔#〕。5 於食指和無名指分別放上水鑽、圓鉚釘和美甲彩珠〔#〕。

4　底層凝膠、透明凝膠、彩色凝膠（灰白色、粉紅色、玫瑰粉紅色、紫色）、璀璨亮粉（金色）、珍珠、水鑽（淺粉紅色、極光色、水晶色）、圓鉚釘（金色）、上層凝膠

1 以灰白色凝膠製作反法式〔#〕。2 塗第二層凝膠後，讓食指和小指硬化，擺放配件〔#〕。3 其餘手指在尚未硬化的情況下，沾塗粉紅色、玫瑰粉紅色、紫色凝膠。4 以筆混色製作大理石紋〔#〕。5 以璀璨亮粉描繪亮粉細線〔#〕。6 於邊線上擺放珍珠、水鑽和圓鉚釘〔#〕。

1　底層凝膠、透明凝膠、彩色凝膠（珊瑚粉紅色、灰白色）、美甲膠帶（金色）、圓鉚釘（金色）、美甲彩珠（金色）、水鑽（琥珀色、橄欖綠色）、上層凝膠

1 以灰白色凝膠替拇指、中指、無名指塗上底色，照光硬化後以珊瑚粉紅色凝膠描繪平法式。2 在尚未硬化的情況下塗上白色凝膠。3 以筆輕輕混合步驟1、2的顏色，製作出大理石紋〔#〕。4 將美甲膠帶貼於法式邊緣線，並放上鉚釘、美甲彩珠和水鑽〔#〕。5 以珊瑚粉紅色凝膠塗滿其餘指甲〔#〕。6 於步驟5的指甲根部，放上一顆金鉚釘。

2　底層凝膠、透明凝膠、彩色凝膠（珊瑚橘色、白色）、橢圓石、水鑽（薄荷雲石色、白蛋白色）、圓鉚釘（金色）、上層凝膠

1 所有指甲塗上珊瑚粉紅色凝膠〔#〕。2 同樣塗兩次先不要硬化，將白色凝膠滴在指甲數處〔#〕。3 以筆混色形成大理石紋〔#〕。於無名指放上橢圓石和圓鉚釘〔#〕。

＊ 等塗完底層凝膠後再開始 ＊〔#〕…照光療燈讓凝膠硬化
＊ 最後塗上上層凝膠，使之硬化後，以凝膠清潔液拭去未硬化的凝膠

指甲彩繪
③

漸層彩繪

漸層彩繪的
魅力

即使從描繪的簡易程度來看，
也堪稱萬能的漸層彩繪

漸層彩繪與法式彩繪，同樣屬於萬無一失，令人能安心嘗試的彩繪。話雖如此，漸層彩繪卻可藉由色彩的選擇和配件裝飾，打造極具個性的設計，擁有無窮的可能性。

基本來說，從指甲尖端3分之1至2分之1處使用漸層彩繪，外觀就會很漂亮。漸層彩繪的製作技法有很多種，比方說製作粉紅色漸層時，要準備粉紅色和透明色。最普遍的作法是以濃淡不同的粉紅色指甲油或凝膠，分2至3階段來製作，顏色從淡到深重複塗抹指甲前端。由於指甲油有快乾性，因此還有在保鮮膜塗上2至3色，再以海綿轉印到指

換個比較好懂的講法是，漸層部分要覆蓋到負荷點的略下方處。

● 各種漸層彩繪

亮粉漸層彩繪

橫向漸層彩繪

縱向漸層彩繪

空氣噴槍
漸層彩繪

多色漸層彩繪

先以凝膠來練習漸層彩繪吧！

並非只有色彩朝指甲前端逐漸變深的手法才算是漸層。也可以繪製縱向的線條，從右到左來改變顏色製作漸層。

使用凝膠來製作漸層彩繪，一定比以指甲油製作來得容易。若以指甲油製作，就只能趁乾掉以前迅速疊色上去，可以花點時間來調整濃淡。初學者還是先以凝膠來練習吧！

甲上的手法。此外，也有重複塗抹濃淡相同的顏色，以數種顏色製作多色漸層彩繪的方法，以多色製作漸層時，記得塗到模糊交界線。除此之外，也有不使用指甲油和凝膠，改以空氣噴槍噴灑壓克力顏料製作漸層的方法。漸層彩繪中最簡單的方式，就是使用亮粉（璀璨亮粉）製作亮粉漸層彩繪，利用亮粉的增減來製作濃淡感，也很適合新手。總之，不管以什麼色彩製作漸層，彩繪的印象都有截然不同的變化。

ColorGradationArt

漸層彩繪的塗法

模糊鄰近色彩交界線的漸層彩繪。
會形成色彩的濃淡和深度，締造出高級感。

使用凝膠彩繪

準備工具

a 底層凝膠　b 彩色凝膠（白色、粉紅色）　c 凝膠筆（平筆）　d 上層凝膠　e 光療燈　f 珍珠
g 美甲彩珠　h 鑷子

STEP
左右塗不同顏色 1

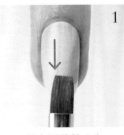

塗第二次粉紅色

同樣於右半部塗第二次粉紅色。顏色稍微混在一起也不用在意，繼續塗抹就好。

於右側塗抹粉紅色

步驟1在尚未硬化的狀態下，於右半部塗抹粉紅色，然後再尚未硬化的狀態下於左半部塗第二次白色。

於左側塗抹白色

塗抹底層凝膠照光硬化後，於指甲的左半部塗抹白色凝膠。

118

置筆於指甲中央來渲染

6

5

4

外觀呈現自然的漸層！

由左到右，從白色自然變化成粉紅色的高雅漸層完成了！

塗抹上層凝膠

以上層凝膠塗滿指甲後照光硬化。擦拭掉尚未硬化的凝膠後，漸層彩繪就完成了！

以筆輕抹渲染

以乾淨的筆不斷輕抹色彩的交界線，當交界線呈現自然的模糊後就照光硬化。

{點綴彩繪}
以珍珠和美甲彩珠點綴

2

1

配置珍珠

將5顆珍珠作出間隔來排列。

塗抹透明凝膠

指甲根部薄塗一層拱狀的透明凝膠

4

3

塗抹上層凝膠

以上層凝膠塗滿指甲收尾。

配置美甲彩珠

將美甲彩珠排列在步驟2的間隔之中。

運用配件增添高貴！

照光硬化，拭去尚未硬化的凝膠就完成了！運用簡單的配件營造高貴的印象。

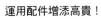

Finish

使用指甲油彩繪

也可使用同色系的指甲油，層層塗抹於保鮮膜上，再以海綿沾附轉印到指甲上的手法。

LameGradation

亮粉漸層彩繪的塗法

慢慢疊塗亮粉製作出亮粉漸層彩繪。
由於亮粉分量以目視就可以調整，
相較下既簡單又容易挑戰，也是魅力所在。

 使用凝膠彩繪

亮粉漸層彩繪的準備工具

i   h   g   e   d   c   b   a

a 底層凝膠　b 上層凝膠　c 彩色凝膠（米褐色系）　d 凝膠筆（平筆）　e 亮粉（粉紅色系、含亮片貼）
f 鋁箔紙　g 牙籤　h 木推棒　i 鑷子

塗抹彩色凝膠，混合亮粉

STEP
1

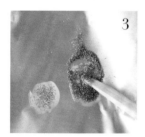

| 3 | 2 | 1 |

| | 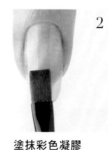 |  |

凝膠混合亮粉

混合底層凝膠和亮粉。事先製作亮粉多和亮粉少的兩種凝膠。

塗抹彩色凝膠

以作為底色的彩色凝膠塗滿指甲，切記要塗抹均勻。

塗抹底層凝膠

前置作業完畢後，塗抹底層凝膠照光硬化，每一處都要塗抹到。

模糊塗抹凝膠的交界線

STEP 2

6

5

4

清理指甲外緣
以木推棒清理塗到指甲外面的凝膠。由於亮粉塗到外圍會很顯眼，所以要確實清潔乾淨。

模糊交界線
以筆沾取亮粉較少的凝膠，豎起筆來模糊交界線，擴大亮粉的範圍。

塗第一次凝膠
以筆沾取亮粉較多的凝膠，以指甲前緣的部分為基準來塗抹。

塗抹上層凝膠收尾
STEP 3

Point

去除亮粉的粗糙面
含亮粉的凝膠會讓前端的表面變得粗糙，所以要以筆腹按壓指尖。

Finish

7

亮片漸層彩繪完成了！
塗抹上層凝膠，照光硬化後，自然又漂亮的漸層彩繪就完成了！

塗第二次凝膠
以亮片多的凝膠，避開交界線，修正塗抹不均勻的部分。

｛點綴彩繪｝
塗抹亮粉

燦爛華麗度UP！
亮片貼會根據觀賞角度反射光芒，讓亮粉漸層彩繪變得加倍美麗！

混合亮粉和凝膠
將含有亮片貼的透明亮片凝膠與底層凝膠混合。

DESIGN COLLECTION
漸層彩繪 精選範例

3
5色漸層搭配閃閃發光的亮片貼，
顯得個性十足！

1
俏皮的粉紅色亮片漸層彩繪
詮釋出女人味♪

亮片
漸層

4
於指甲前端塗抹雙色，
打造法式風漸層彩繪

2
金色華麗光芒
以漸層範圍扭轉氛圍

HOW TO MAKE

3 底層凝膠、透明凝膠、璀璨亮粉（水藍色、黃色、粉紅色、紫色、綠色）、亮片貼（銀色）、美甲彩珠（銀色）、上層凝膠

1 以透明凝膠薄塗整片指甲 2 以筆沾取少許水藍色、黃色、粉紅色、紫色和綠色的璀璨亮粉，模糊色彩交界線製作漸層〔#〕。 3 於漸層的指甲尖端疊塗上亮片貼〔#〕。 4 以銀色美甲彩珠在拇指和無名指排列成星形圖案〔#〕。

4 底層凝膠、透明凝膠、璀璨亮粉（紫色、金色）、圓鉚釘（金色）、美甲彩珠（金色）、水鑽（深粉紅色、極光色）、上層凝膠

1 以透明凝膠薄塗整片指甲 2 以筆沾取紫色璀璨亮粉，塗在指甲尖端。 3以筆沾取金色璀璨亮粉，塗在步驟2的下方並模糊交界線〔#〕。 4 於拇指和無名指將配件組合成圓形〔#〕。 5 其餘指甲的根部，放上一顆美甲彩珠〔#〕。

1 底層凝膠、透明凝膠、璀璨亮粉（粉紅色）、珍珠、水鑽（銀色）、圓鉚釘（金色）、美甲彩珠（金色）、上層凝膠

1 以透明凝膠薄塗整片指甲 2 以筆沾取璀璨亮粉，從指甲前端開始製作漸層〔#〕。 3 以水鑽和美甲彩珠裝飾拇指和無名指〔#〕。

2 底層凝膠、透明凝膠、璀璨亮粉（金色）、圓環（金色）、水鑽（極光色、水晶色、蜜桃粉紅色）、美甲彩珠（金色）、上層凝膠

1 以透明凝膠薄塗整片指甲 2 以筆沾取璀璨亮粉，製作朝指甲前端變深的漸層〔#〕。 3 以圓環、水鑽和美甲彩珠裝飾拇指和無名指〔#〕。 4 以圓環、水鑽和美甲彩珠裝飾食指、中指和小指的指甲根部〔#〕。

＊等塗完底層凝膠後再開始 ＊〔#〕…照光療燈讓凝膠硬化
＊最後塗上上層凝膠，使之硬化後，以凝膠清潔液拭去未硬化的凝膠

3
朝指甲尖端變淡的反漸層，
既簡單又很有個性！

彩色漸層

1
以指甲尖端的點點圖案，
強調淡粉紅色漸層

4
猶如南國夕陽般魅力十足的
漸層彩繪

2
以縱向漸層和白色龜背芋
營造度假心情！

HOW TO MAKE

3 底層凝膠、彩色凝膠（米褐色、珍珠白色）、水鑽（水晶色）、美甲彩珠（銀色）、蝴蝶結配件、上層凝膠

1 以底色的凝膠塗抹整片指甲 2 於指甲前端疊塗珍珠白色凝膠 3 以筆輕抹步驟1和2的交界線來模糊色彩〔#〕。 4 在無名指以水鑽和美甲彩珠交互排列成拱形〔#〕。 5 同樣製作兩層拱形，在指甲中央處放上蝴蝶結配件〔#〕。

4 底層凝膠、彩色凝膠（紫色、橘色、珍珠色）、珊瑚石、圓環（金色）、水鑽（極光色）、圓鉚釘（金色）、美甲彩珠（金色）、葉形鉚釘（金色）、上層凝膠

1 以橘色凝膠塗抹整片指甲〔#〕。2 於指甲前端製作紫色漸層 3 再於指甲前端塗抹珍珠色凝膠。 4 食指和小指各自放上珊瑚石、圓環、鉚釘和美甲彩珠〔#〕。

1 底層凝膠、透明凝膠、彩色凝膠（粉紅色）、圓點亮片大·小（白色）、蝴蝶結配件、上層凝膠

1 以透明凝膠薄塗整片指甲 2 以粉紅色凝膠塗抹指甲尖端。 3 以筆不斷輕抹步驟1和2的交界處來模糊邊界〔#〕。 4 以圓點亮片製作點點圖案〔#〕。 5 在無名指擺放蝴蝶結配件，塗上上層凝膠。

2 底層凝膠、彩色凝膠（粉紅色、紫色、白色）、璀璨亮粉（金色）、水鑽（水晶色、白蛋白色）、圓環、美甲彩珠（金色）、貝殼配件、上層凝膠

1 於指甲左側塗抹紫色凝膠，製作反法式的單側 2 同樣於右側塗抹粉紅色凝膠，製作反法式 3 步驟1和2的凝膠都要塗2次 4 以筆不斷輕抹來模糊交界線〔#〕。 5 以璀璨亮粉塗抹反法式的邊緣線〔#〕。 6 以白色凝膠於拇指和無名指進行彩繪 7 以配件分別裝飾拇指和無名指〔#〕。

所謂線條彩繪，會根據描繪的線條造型，讓設計產生大幅度的變化。塗抹不同顏色的線條，或運用美甲線條貼和亮片線條等，拉出強調性的直線，都屬於線條彩繪。運用直線、橫線、斜線、拱形線等，以自由的創意享受彩繪的樂趣吧！

使用凝膠彩繪

準備工具

k　j　i　h　g　f　e　d　c　b　a

a 底層凝膠　b 線條彩繪用彩色凝膠（粉膚色、灰色、綠色、海軍藍色）
c 線條用亮粉凝膠（銀色）d 凝膠筆（平筆）　e 彩繪筆　f 上層凝膠　g 光療燈
h 水鑽、亮片貼　i 美甲彩珠　j 木推棒　k 凝膠清潔液

STEP
在底色上拉線 1

3

拉出灰色線條

步驟2硬化後，以彩繪筆沾取灰色凝膠，描繪平緩纖細的曲線後照光硬化。

2

指甲前端塗抹粉膚色

以粉膚色凝膠從右至左描繪出弧度後，就照光硬化。然後再塗第二次。

1

塗抹底層凝膠

以底層凝膠塗滿指甲並照光硬化。從指甲前緣開始確實塗抹。

全都照光硬化再添加線條

STEP **2**

6

5

4

左邊也要拉出海軍藍線條

於步驟4的線條分支出1道線，留下一塊粉紅色，並描繪海軍藍曲線照光硬化。

拉出海軍藍線條

這次以凝膠筆沾取海軍藍色凝膠，在步驟3的右邊描繪曲線，然後照光硬化。

拉出綠色線條

以彩繪筆沾取綠色凝膠，於步驟3的灰色凝膠旁邊，描繪平緩的曲線並照光硬化。

Check: 以彩繪筆描繪線條時的下筆角度

NG ✕

彩繪筆要避免過於傾斜

將筆平放在指甲上，會無法拉出漂亮的線條。

OK

直立筆頭，利用筆尖來塗抹

在指甲上直立筆頭，僅以筆尖來描繪就能畫出細線。

拉出亮粉線條

STEP **3**

Finish

8

7

線條彩繪完成！

使用流行的煙燻色製作的線條彩繪。以亮粉線條給予整體鮮明的印象。

塗抹上層凝膠收尾

塗抹上層凝膠照光硬化。硬化後，以凝膠清潔液將尚未硬化的凝膠擦拭乾淨。

添加銀色亮粉

以銀色亮粉凝膠，在彩色線條之間隨意添加幾筆線條然後照光硬化。

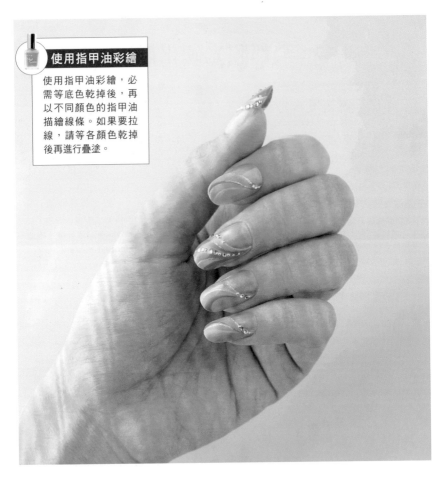

使用指甲油彩繪

使用指甲油彩繪,必需等底色乾掉後,再以不同顏色的指甲油描繪線條。如果要拉線,請等各顏色乾掉後再進行疊塗。

{點綴彩繪}

進一步裝飾線條彩繪吧!

打造豪華指尖

運用大大小小的水鑽和美甲彩珠,讓整體搖身一變成為閃閃發光的華麗彩繪!

擺放水鑽

於步驟2的間隔內擺放水鑽然後照光硬化。塗抹上層凝膠,拭去未硬化的凝膠。

擺放美甲彩珠和亮片

以木推棒挑起金色的美甲彩珠和亮片,要排列出間隔。

塗抹透明凝膠

決定水鑽的擺放位置,先以少量的透明凝膠沿著線條塗抹。

DESIGN COLLECTION
線條彩繪精選範例

3
交叉的亮粉直線，
詮釋成熟風格！

1
以線條彩繪彰顯高貴的
春色指甲！

4
以同色系的斜波浪線條
營造洗練感

2
大面積的粉彩色調
打造俏皮華麗的指尖

HOW TO MAKE

3 底層凝膠、透明凝膠、彩色凝膠（黑色、淺褐色）、金色亮粉、水鑽（淺粉紅色、水晶色）、上層凝膠

1 以淺褐色凝膠塗抹右側指甲〔＃〕。2 以黑色凝膠斜塗左側指甲，形成斜法式彩繪〔＃〕。3 以亮粉凝膠拉線於色彩交界線和法式邊緣線〔＃〕。4 拇指和無名指擺放水鑽〔＃〕。

4 底層凝膠、透明凝膠、彩色凝膠（煙燻紫色、波爾多色、銀色）、上層凝膠

1 以煙燻紫色凝膠於指尖製斜法式曲線〔＃〕。2 將波爾多色的凝膠疊塗在步驟1上製作法式〔＃〕。3 只有拇指和無名指，是在波爾多色的隔壁塗上銀色〔＃〕。4 色彩的交界線以銀色拉線〔＃〕。

1 底層凝膠、透明凝膠、彩色凝膠（紫色）、璀璨亮粉（銀色）、水鑽（水晶色、極光色）、葉形鉚釘（銀色）、圓鉚釘（銀色）、上層凝膠

1 以紫色凝膠塗抹整片指甲〔＃〕。2 透明凝膠混合銀色璀璨亮粉，描繪線條〔＃〕。3 將配件擺放在線條上〔＃〕。

2 底層凝膠、透明凝膠、彩色凝膠（灰白色、粉紅色、水藍色）、銀色亮粉、水鑽（白蛋白色、淺粉紅色）、美甲彩珠（銀色）、上層凝膠

1 以灰白色凝膠製作法式彩繪〔＃〕。2 於拇指和無名指塗上粉紅色和水藍色等3色彩色凝膠〔＃〕。3 色彩分界線上和各指的法式邊緣線上描繪銀色亮粉線〔＃〕。4 分別在各別手指上擺放水鑽和美甲彩珠〔＃〕。

＊等塗完底層凝膠後再開始　＊〔＃〕…照光療燈讓凝膠硬化
＊最後塗上上層凝膠，使之硬化後，以凝膠清潔液拭去未硬化的凝膠

圓點彩繪就是在指甲上描繪
水滴圖案，非常適合用來增添流
行感。手繪的圓點彩繪會帶有手
工韻味，但對初學者而言，最簡
單的方式還是利用亮片貼或圓形
配件黏貼於指甲上。就用大小不
一的亮片貼來創造變化吧！

使用凝膠彩繪

圓點彩繪的準備工具

k　j　i　h　g　e　d　c　b　a

a 底層凝膠（透明凝膠）　b 彩色凝膠（乳白色）　c 凝膠筆（平筆）　d 彩繪筆　e 木推棒　f 亮片
（銀色、金色）　g 水鑽（透明色）　h 鑷子　i 上層凝膠　j 亮粉（銀色）　k 調膠棒

STEP
塗抹底層凝膠 1

3

2

1

塗第二次底色
同樣從指甲前緣開始塗滿指
甲，然後硬化。塗第二次時記
得要塗抹均勻。

塗抹底色
以凝膠筆沾取乳白色凝膠，從
指甲前緣開始塗滿指甲，然後
照光硬化。

以底層凝膠塗滿指甲
前置作業完畢後，以底層凝膠
塗抹整片指甲，照光硬化。

擺放亮片 STEP 2

6

擺放金色亮片

以木推棒將金色亮片與銀色亮片交錯排列。

5

擺放銀色亮片

以木推棒挑起亮片，在指甲上排列大三角形的端點。

4

塗抹透明凝膠

以透明凝膠塗滿指甲。塗抹是為了要擺放平面配件，所以薄塗一層就OK。

塗抹上層凝膠收尾 STEP 3

Finish

圓點彩繪完成

協調的排列金銀亮片和水鑽，描繪出圓點圖案。

8

塗抹上層凝膠

以筆沾取上層凝膠，從指甲前緣開始塗抹滿指甲後硬化，拭去未硬化的凝膠。

7

擺放水鑽

於步驟5和6的間隙處，審視整體平衡後擺放水晶水鑽，然後硬化。

Check: **單片指甲使用亮粉，製作出焦點！**

Finish

亮粉指甲完成！

於1至2片指甲上增添亮點，為設計畫下完美句點。

3

以筆沾取塗抹

以筆沾取步驟2的亮粉凝膠，塗抹整片無名指指甲。

2

使用調膠棒混合

以調膠棒將凝膠和亮片混合均勻。

1

亮粉2：透明凝膠1

想強調亮片時，請以2：1的比例來混合。

使用指甲油彩繪

等底色用指甲油確實
乾掉後再塗抹圓點，
與其手繪圓點，不如
擺放亮片。

{點綴彩繪}
各式各樣的圓點彩繪

使用圓環

以圓環代替亮片，印
象便會轉為帶有衝擊
性的圓點彩繪。

運用大小不同的亮片

以大小不一的銀色亮
片挑戰看看吧！整體
印象會轉為個性風。

以彩繪筆描繪

以彩繪筆沾取白色
凝膠，以沾點方式描
繪圓點，也別有一番
風味。

描繪金色圓點

以金色亮粉凝膠畫
圓，隨意與亮片搭
配。

DESIGN COLLECTION
圓點彩繪精選範例

3
法式配圓點！
適合想來場小冒險的日子

1
香檳金亮粉
打造美麗高貴美甲

4
煙燻色×黑色的
俏皮甜辣滋味♪

2
以低調色彩營造時尚的
典雅美甲

HOW TO MAKE

3 底層凝膠、透明凝膠、彩色凝膠（粉紅色）、亮片（淺黃色、綠色）、水鑽（白蛋白色）、葉形鉚釘（金色）、上層凝膠

1 以粉紅色凝膠在指甲前端製作直法式〔#〕。 2 以兩種亮片製作圓點圖案〔#〕。 3 以水鑽和葉形鉚釘交互排列於法式邊緣線上〔#〕。

4 底層凝膠、透明凝膠、彩色凝膠（煙燻灰色）、亮片（黑色）、水鑽（黑色、琥珀色、銅色）、心形鉚釘、珍珠、圓環（銀色）、美甲彩珠（香檳金色）、上層凝膠

1 所有指甲塗上煙燻灰色凝膠〔#〕。 2 以亮片在食指和小指製作圓點圖案〔#〕。 3 拇指和中指擺放水鑽、圓環、鉚釘跟美甲彩珠〔#〕。 4 以水鑽於無名指上排列成蝴蝶結〔#〕。

1 底層凝膠、透明凝膠、彩色凝膠（珊瑚粉紅色）、亮片（黑色）、璀璨亮粉（香檳金色）、圓鉚釘（金色）、水鑽（水晶色）、上層凝膠

1 以珊瑚粉紅色凝膠製作法式彩繪〔#〕。 2 以亮片製作圓點圖案〔#〕。 3 在法式邊緣線上描繪金色亮粉線〔#〕。 4 於無名指以圓鉚釘排列成蝴蝶結〔#〕。 5 在蝴蝶結的中心擺放水鑽〔#〕。

2 底層凝膠、透明凝膠、彩色凝膠（珊瑚粉紅珍珠色）、璀璨亮粉（香檳金色）、亮片（香檳金色）、上層凝膠

1 以珊瑚粉紅珍珠色凝膠塗抹拇指、中指和無名指〔#〕。 2 以亮片製作圓點圖案〔#〕。 3 璀璨亮粉混合透明凝膠，塗抹食指和小指〔#〕。

＊等塗完底層凝膠後再開始　＊〔#〕…照光療燈讓凝膠硬化
＊最後塗上上層凝膠，使之硬化後，以凝膠清潔液拭去未硬化的凝膠

水滴彩繪的準備工具

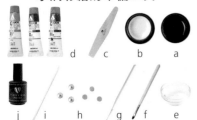

d c b a

j i h g f e

a 底層凝膠　b 彩色凝膠（粉紅珍珠
色）c 海綿磨棒　d 壓克力顏料（藍
色、紫色、褐色）　e 水　f 凝膠筆（平
筆）　g 彩繪筆　h 亮片貼、美甲彩珠
i 木推棒　j 上層凝膠

使用溶於水的壓克力顏料，
利用自然擴散的現象，
打造纖細又美麗的彩繪。

 ## 使用凝膠彩繪

STEP
打磨指甲表面，滴上壓克力顏料 1

Point

以筆吸掉圓中央的水

以混著壓克力顏料的色
彩描繪略大的圓圈，然
後以粗筆吸掉圓中央的
水，就會形成只有圓框
的圓圈。

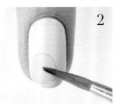

2

描繪藍色圓圈

藍色壓克力顏料摻水混合後，
滴在指甲上，讓顏色緩緩暈染
開來。

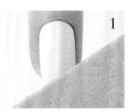

1

打磨頂層指甲

塗抹底層凝膠硬化後，再塗抹
粉紅珍珠色的彩色凝膠，等硬
化後打磨指甲表面。

5

將中央的色彩疊塗成深色

以細筆沾取褐色壓克力顏料
（顏色深一點），疊塗步驟4
的中央然後硬化。

4

疊塗褐色圓圈

接下來疊塗褐色。圓圈疊塗得
越來越小，水滴彩繪才會漂
亮。

3

疊塗紫色圓圈

繼續疊塗上紫色壓克力顏料。
待下層顏色完全乾掉後，才可
開始疊色。

Check: 壓克力顏料的魅力

壓克力顏料是水滴彩繪和顏料彩繪都不可或缺的工具。為避免顏料的色素沉澱，無論使用凝膠還是指甲油，都要先塗抹基礎護甲油或底層凝膠後，再上色進行彩繪。

以配件點綴彩繪

擺放美甲彩珠和亮片貼

薄塗一層透明凝膠，以木推棒擺放美甲彩珠和亮片貼，然後硬化。

6

拭去未硬化的凝膠

以沾有凝膠清潔液的棉花，拭去未硬化的凝膠後就完成了！

Finish

DESIGN COLLECTION
水滴彩繪 精選範例

運用上級技巧的心形水滴彩繪，表現波斯菊的花瓣

底層凝膠、透明凝膠、彩色凝膠（亮褐色、黑色）、亮粉拉線液（銅色）、壓克力顏料（褐粉紅色）、美甲彩珠（金色）、圓鉚釘（金色）

1 以亮褐色凝膠，在食指、中指和無名指繪製法式〔#〕。2 拭去未硬化的凝膠，輕輕打磨整片指甲。3 以筆混合褐粉紅色壓克力顏料和水，置於步驟2上〔#〕。4 將美甲彩珠擺放在步驟3的中央〔#〕。5 以褐色彩色凝膠描繪法式〔#〕。6 以亮粉拉線液替反法式描邊。7 擺放圓鉚釘〔#〕。

運用單調彩繪，展露優雅和性格

底層凝膠、透明凝膠、彩色凝膠（珍珠白色、黑色、灰色）、璀璨亮粉（銀色）、壓克力顏料（黑色）、金屬美甲貼（銀色）、珍珠、圓鉚釘（銀色）、上層凝膠

1 以筆沾取珍珠白色凝膠，在食指和無名指繪製反法式〔#〕。2 拭去未硬化的凝膠，輕輕打磨指甲表面。3 以筆混合黑色壓克力顏料和水，置於步驟2上，渲染顏色並描繪彩繪〔#〕。4 金屬美甲貼在步驟3的彩繪中央〔#〕。5 銀色璀璨亮粉描繪法式邊緣線〔#〕。6 中指塗灰色凝膠，拇指和小指以珍珠白色、灰色和黑色凝膠製作直向的大理石紋。7 將珍珠和圓鉚釘擺在步驟6的指甲根部〔#〕。

＊等塗完底層凝膠後再開始　＊〔#〕…照光療燈讓凝膠硬化
＊最後塗上上層凝膠，使之硬化後，以凝膠清潔液拭去未硬化的凝膠

渲染彩繪的準備工具

a b c d

e f g h

a 彩色凝膠（珍珠色、橘色、褐色、金亮粉色）　b 凝膠筆（平筆）　c 彩繪筆　d 木推棒　e 水鑽、美甲彩珠、亮片貼　f 上層凝膠　g 凝膠清潔液　h 棉花

ARRANGE DESIGN 2

Tie-dye
Art

渲染彩繪的塗法

疊塗色彩，
運用纖細的混色詮釋深度。
是大理石紋技法的延伸應用。

使用凝膠彩繪

於底色尚未硬化時直接疊色

STEP
1

融合二色

以平筆自然調和步驟2的橘色和珍珠色凝膠。

疊塗橘色

將橘色凝膠沾點在尚未硬化的底色的兩處。

塗第二層時先不要硬化

塗抹好珍珠色底色並硬化後，再塗第二次底色。塗好後在尚未硬化的情況下直接進行下一步驟。

STEP
2

疊塗色彩進行混色

以金色描邊

以細筆沾取金色凝膠，描繪指甲外側一圈然後硬化，便完成了！

暈開褐色

傾斜平筆，利用邊角暈開線條下面就好，這樣才會形成自然的渲染。

疊塗褐色

先不要硬化，這次疊塗上褐色。以彩繪筆隨意將褐色點在四處。

STEP 3

運用配件點綴彩繪

以水鑽等裝飾指甲中央部位

薄塗一層透明凝膠，以木推棒擺放大大小小的水鑽、美甲彩珠、亮片貼，然後硬化。

7

使用指甲油彩繪

迅速將透薄的指甲油放在指甲上，以彩繪筆或眼影棒等暈開顏色，速度是關鍵！

拭去未硬化的凝膠

以沾有凝膠清潔液的棉花，拭去未硬化的凝膠後就完成了！

Finish

DESIGN COLLECTION
渲染彩繪 精選範例

天然寶石般的高貴配色，與指甲根部的水鑽相互輝映！

底層凝膠、透明凝膠、彩色凝膠（白珍珠色、褐色）、水鑽（深紫色、深咖啡色、深粉紅色）、美甲彩珠（金色）、上層凝膠

1 以白珍珠色凝膠塗抹所有指甲〔#〕。 2 塗第二層後先不要硬化，以筆沾取褐色彩色凝膠，隨意放在拇指、中指和無名指上。 3 以筆暈染色彩製作渲染效果〔#〕。 4 以水鑽和美甲彩珠點綴指甲根部〔#〕。

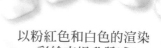

以粉紅色和白色的渲染彩繪來提升質感

底層凝膠、透明凝膠、彩色凝膠（白粉紅色、粉紅色）、璀璨亮粉（金色）、水鑽（蛋白色、深粉紅色、琥珀色）、亮片貼（金色）、美甲彩珠（金色）、圓鉚釘（金色）、上層凝膠

1 拇指和無名指塗上白粉紅色，食指、中指和小指塗粉紅色凝膠〔#〕。 2 塗第二次底色時，在食指、中指和小指尚未硬化前，放上白色凝膠，暈開色彩製作渲染效果〔#〕。 3 拇指和無名指的部分，以璀璨亮粉拉出兩條亮粉線，擺放配件〔#〕。

＊ 等塗完底層凝膠後再開始 ＊〔#〕…照光療燈讓凝膠硬化
＊ 最後塗上上層凝膠，使之硬化後，以凝膠清潔液拭去未硬化的凝膠

孔雀彩繪的準備工具

a 底層凝膠　b 彩色凝膠（海軍藍色、藍色、水藍色、藍灰色、白色）
c 凝膠筆（平筆）　d 彩繪筆　e 上層凝膠

ARRANGE DESIGN 3

Peacock Art
孔雀彩繪的塗法

以細筆將鄰近的色彩
描繪成活靈活現的鳥類羽毛花紋。
唯有凝膠才能辦到的藝術彩繪。

使用凝膠彩繪

塗抹直條紋　STEP 1

3

塗抹藍色直線

同樣以較細的筆沾取藍色凝膠，於步驟2隔壁塗直線，不需硬化。

2

塗抹海軍藍直線

以彩繪筆沾取海軍藍色凝膠，於指甲右側緣塗直線。先不用硬化。

1

以細筆勾勒線條

前置作業完畢後，以底層凝膠從指甲前緣塗滿指甲，待之硬化。

以細筆勾勒線條　STEP 2

6

以細筆勾勒

於最左邊塗抹白色，最後再以乾淨的彩繪筆從右端一口氣劃到左端。

5

以淺色製作漸層

接下來按照藍灰色、白色的順序塗抹，逐漸形成藍色的漸層。

4

塗抹水藍色直線

以較細的筆沾取水藍色凝膠，在步驟3隔壁塗直線。先不要硬化。

增加橫線

以相同間隔拉線

採用步驟6的方式，以相同間隔一股作氣拉線後硬化。

最後塗抹上層凝膠

最後塗抹上層凝膠後硬化，以凝膠清潔液拭去未硬化的凝膠就完成了！

Finish

DESIGN COLLECTION

孔雀彩繪 精選範例

精緻個性派孔雀彩繪，兩側以深色來畫龍點睛

底層凝膠、透明凝膠、彩色凝膠（朱紅色、橘色、金橘色、白色）、璀璨亮粉（金色）、正方形水鑽、水鑽（水晶色）、美甲彩珠（金色）、上層凝膠

1 以金橘色凝膠塗抹拇指、中指、無名指和小指兩次〔#〕。 2 食指塗抹金色璀璨亮粉〔#〕。 3 將朱紅色、橘色、金橘色、白色的彩色凝膠色彩，製作色彩朝左右漸深的直條紋於拇指和無名指上。 4 以彩繪筆由左到右一口氣劃過去，製作孔雀彩繪〔#〕。 5 將美甲彩珠擺放於中指〔#〕。

雖然是深沉的藍色調配色，卻能在穩靜氣氛中帶有爽朗感

底層凝膠、透明凝膠、彩色凝膠（灰色、白色、淺藍色、天空藍色、土耳其藍色）、美甲線條貼紙（金色）、美甲彩珠（金色）、貝殼、上層凝膠

1 依序將灰色、白色、淺藍色、天空藍色、土耳其藍色的彩色凝膠，以塗抹連續橫條紋的方式為拇指和無名指上色。 2 以彩繪筆一口氣從指甲頂端拉線到尾端，製作孔雀彩繪〔#〕。 3 食指、小指塗抹淺藍色和透明凝膠，中指塗抹灰色和透明凝膠製作雙色搭配〔#〕。 4 於步驟3的透明部分擺放貝殼〔#〕。 5 將金色美甲彩珠配置於各指上〔#〕。

＊等塗完底層凝膠後再開始 ＊〔#〕…照光療燈讓凝膠硬化
＊最後塗上上層凝膠，使之硬化後，以凝膠清潔液拭去未硬化的凝膠

顏料彩繪的準備工具

a 底層凝膠　b 彩色凝膠（白色、灰色）
c 凝膠筆（平筆）　d 海綿磨棒（100至
120G）　e J筆　f 壓克力顏料（白色）
g 上層凝膠

ARRANGE DESIGN 4

Paint
Art

顏料彩繪的塗法

以壓克力顏料描繪自己喜愛
插圖的顏料彩繪，
在造型方面擁有無限可能。

使用凝膠彩繪

STEP
打磨底色 1

打磨整片指甲

以上層凝膠收尾後，為了讓壓
克力顏料附著於指甲上，先打
磨整片指甲。

以灰色塗抹指甲的2／3

灰色凝膠直向塗抹2／3的指
甲並硬化。待硬化後再塗第二
次。

塗抹白色

塗完底層凝膠後，以白色彩色
凝膠塗滿指甲並硬化。接著塗
第二次再硬化。

STEP
以筆描繪圖案 2

Point

顏料彩繪所使用的J
筆，可以描繪出比
彩繪筆更細膩的線
條。以筆尖沾取壓
克力顏料（Ink）
來使用。

描繪細部

一筆一畫細膩地描繪出蕾絲圖
案，如同描繪波浪般的線條。

以J筆描繪圖案

以J筆沾取白色壓克力顏料，
在灰色部分描繪蕾絲花邊。

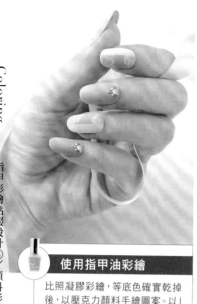

使用指甲油彩繪

比照凝膠彩繪，等底色確實乾掉後，以壓克力顏料手繪圖案。以J筆來挑戰細緻的圖案吧！

塗抹上層凝膠收尾

以上層凝膠塗抹整片指甲

塗抹上層凝膠並硬化。從前緣薄塗至整片指甲。

拭去未硬化的凝膠

以沾有凝膠清潔液的棉花，拭去未硬化的凝膠就完成了！

Finish

DESIGN COLLECTION
顏料彩繪 精選範例

手繪千鳥格紋的高雅平法式彩繪

底層凝膠、透明凝膠、彩色凝膠（米褐色、杏桃粉紅色）、壓克力顏料（米褐色）、水鑽（水晶色、淺粉紅色）、美甲彩珠（金色）、圓環（金色）、珍珠、上層凝膠

1以米褐色彩色凝膠，在拇指、食指和小指製作平法式〔#〕。 2中指和無名指以杏桃粉紅色的彩色凝膠製作平法式〔#〕。 3以凝膠清潔液擦拭步驟2，輕輕打磨表面。 4 彩繪筆沾取米褐色壓克力顏料後，在步驟3上描繪千鳥格紋 5 以美甲彩珠裝飾拇指和小指，食指和無名指則以水鑽、美甲彩珠、圓環和珍珠裝飾〔#〕。

於指尖以壓克力顏料勾勒恣意綻放的大朵薔薇的纖細彩繪

底層凝膠、彩色凝膠（米褐色）、亮粉拉線液（金色）、壓克力顏料（粉紅色、褐色、綠色、白色）、水鑽（水晶色、薄荷雲石色）、上層凝膠

1 以米褐色彩色凝膠繪製法式〔#〕。 2 金色亮粉拉線液，沿著法式邊緣線拉線〔#〕。 3 以凝膠清潔液擦拭拇指、中指和小指，輕輕打磨表面。 4 以壓克力顏料在步驟3上描繪薔薇〔#〕。 5 以水鑽點綴食指和無名指〔#〕。

＊等塗完底層凝膠後再開始　＊〔#〕…照光療燈讓凝膠硬化
＊最後塗上上層凝膠，使之硬化後，以凝膠清潔液拭去未硬化的凝膠

運用配件增色彩繪

靈活運用自己喜歡的美甲彩珠、水鑽、3D配飾等，
把指甲妝點的加倍可愛吧！
配件的魅力在於，即使是對自身彩繪技術缺乏自信的人，
也能夠輕鬆提昇設計能力。

水鑽

珍珠粉紅色的漸層彩繪可增添女人味，
運用大小水鑽提昇華麗感吧！

Point
採用同色系的水鑽，
締造時尚印象。

準備工具

a 透明凝膠　b 水鑽
（大、中、小）、美
甲彩珠（銀色）　c
鑷子

3

**最後塗抹
上層凝膠**

將銀色美甲彩珠擺在
最外側。以3種大小的
水鑽搭配組合，就會
很漂亮。

2

**從中心
擴散開來**

將水鑽擺放成從中心
擴散開來的樣子。尚
未硬化前都可以隨
心所欲的調整水鑽位
置。

1

**擺放
大顆水鑽**

塗抹透明凝膠，將大
顆水鑽配置在指甲中
央，接著在周圍擺放
小水鑽。

**Nail
Column** 水鑽的種類

雖然被統稱為水鑽，但種類卻有五花八門。除了較為人知的施華洛世
奇水晶和壓克力珠之外，也有塑膠製的寶石。壓克力珠和塑膠製品價
格較為低廉。事先準備好數種顏色和大小各異的鑽式，為彩繪增添變
化性吧！

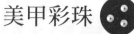 美甲彩珠

蝴蝶結狀的美甲彩珠帶出俏皮感，
擺放時要使用木推棒的尖端。

Point
等距離配置圓點，整
體畫面才會協調。

 3   2   1

準備工具

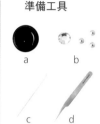

**最後塗抹
上層凝膠**
以上層凝膠確實固定
住美甲彩珠。藉由水
鑽的顏色和大小改變
印象。

製作圓點
完成蝴蝶結後，有間
隔的配置美甲彩珠製
作圓點圖案。

排列美甲彩珠
塗完透明凝膠，於中
央擺放水鑽後，將美
甲彩珠排列成蝴蝶結
狀。

a 透明凝膠　b 水鑽、
美甲彩珠（金色）
c 木推棒　d 鑷子

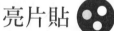 亮片貼

組合大中小的亮片貼，製作可愛的花朵，
運用低調的色彩來詮釋指尖的高雅。

 3    2    1

準備工具

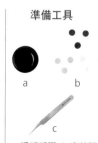

最後塗抹上層凝膠
將亮片配置成花瓣狀
後就硬化，塗抹上層
凝膠再硬化就完成
了！

以亮片貼製作花瓣
依照外側（5大片）
→內側（5片）→中央
（3片）的順序，以透
明凝膠黏貼在指甲
上。

塗抹透明凝膠
將透明凝膠，薄塗在
預定擺放配件部位，
塗抹範圍要大一點。

a 透明凝膠　b 亮片貼
（澄紅色、淺藍色、
褐色）　c 鑷子

花朵貼紙彩繪

讓簡單的指甲瞬間變華麗的彩繪美甲貼紙。
由於使用方法簡單,設計用途廣泛,推薦給美甲初學者。

準備工具

a

b

a 花朵貼紙
b 鑷子

3

**勾勒簡單高貴的
指尖!**

最後塗抹上層凝膠。
如果指彩不均勻,也
可以貼貼紙來掩飾。

2

貼上貼紙

以鑷子將貼紙撕下背
紙,將貼紙密合黏貼
於指甲。

1

**審視
貼紙的大小**

在貼貼紙以前,先在
指甲上比對一下,思
考貼紙的大小和張貼
的位置。

線條美甲貼紙

Point
最後塗抹上層
凝膠。

以蕾絲貼紙讓邊框彩繪變得更加可愛!
貼在色塊的交界處,即使邊緣線不工整也不必擔心。

準備工具

a

b   c

a 邊條美甲貼紙
b 鑷子
c 剪刀

3

**最後塗抹
上層凝膠**

塗抹上層凝膠然後硬
化。塗抹時,記得要
抹平貼紙在指甲表面
形成的凹凸。

2

**貼紙要略短於
指甲邊緣**

若貼紙和指甲的寬度
等長,就很容易從邊
端掀起來,所以要稍
微往內側修剪。

1

**蕾絲貼紙
平行貼在指甲上**

塗抹透明凝膠,以鑷
子夾起貼紙,貼在與
色彩交界線平行的位
置。

3D美甲配飾

以透明凝膠滲透配飾的外圍來固定。
利用粉雕製作也是一種方法。

準備工具

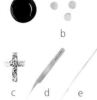

**裝飾周圍
完成**

以亮片貼包圍3D配
飾，最後塗抹上層凝
膠就完成了！

**讓透明凝膠
滲透配飾**

以彩繪筆讓透明凝膠
漸漸滲透配飾的空
隙，然後再硬化。

擺放配飾

於指甲中央塗抹透明
凝膠，擺放配飾。以
鑷子下壓配飾來固
定。

a 透明凝膠 b 亮片
貼 c 3D美甲配飾
d 鑷子 e 彩繪筆

金屬配件

偶爾以金屬配件來轉換一下心情吧！
在指甲中央塗不同的顏色，會讓配件更加顯眼。

準備工具

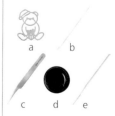

**最後塗抹
上層凝膠**

以彩繪筆塗抹上層凝
膠，讓金屬配件確實
固定在指甲上，然後
硬化。

**以透明凝膠
黏貼配件**

在中央塗抹圓形的白
色凝膠後硬化。塗上
透明凝膠，以鑷子將
配件擺在中央。

**把金屬配件
凹彎**

利用木推棒的弧度，
將金屬配件凹成能夠
自然貼合指甲的弧
度。

a 金屬配件 b 木推
棒 c 鑷子 d 透明
凝膠 e 彩繪筆

適合短指甲的彩繪

既然是短指甲者，就得設法讓指甲顯長。
只要採用像格紋等設計，
就能營造出修長效果，讓指甲看起來纖長。

使用凝膠彩繪

準備工具

f   e   b   d   c   b   a

a 底層凝膠　b 光療燈　c 上層凝膠　d 彩色凝膠 （從右起為藍色、黑色、綠色、白色、紅色、黃色、橘色）　e 凝膠拉線液（紅色）　f 凝膠清潔液

STEP 1
在底色上疊色

3

**橘色和黃色
要直塗**

塗完橫條紋後就硬化。塗抹橘色和白色並列的直條紋。

Point

疊塗時要硬化

於色彩上疊塗其他色彩時，絕對要先硬化，不然顏色會混在一起。

2

疊塗紅色和綠色

等步驟1硬化後，塗抹紅色橫條紋，然後於隔壁塗抹綠色橫條紋。

1

塗黃色當底色

底層凝膠硬化後，從前緣開始一路塗抹黃色凝膠。

添加細線

Finish　　　6　　　5　　　4

**擦拭掉未硬化的
凝膠就完成！**

步驟6硬化後，以凝
膠清潔液把未硬化的
凝膠確實擦乾淨。

**上層凝膠
塗抹整片指甲**

紅細線硬化後，從前
緣開始塗抹上層凝膠
於整片指甲。

以紅色強調

以紅色凝膠拉線液，
拉出縱橫交錯的線條
來強調設計。

**將水藍色凝膠
疊塗於中央**

待步驟3硬化後，於
橘色和白色之間，直
塗水藍色線條並硬
化。

花點功夫，讓造型更上一層樓！
適合短指甲的設計

OK　　　　NG

圓點彩繪

密密麻麻的圖案不OK。留點
空間露出底色，指甲才會顯
得纖長。

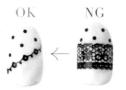

OK　　　　NG

美甲貼紙

使用縱向或斜向的細線條。
橫貼大片的蕾絲粗線，圖案
看起來更膨脹，指甲相對也
更短。

OK　　　　NG

法式彩繪

於指甲前端塗深色，使視線
集中於指尖。淡色的雙層法
式會讓指甲看起來很短。

OK　　　　NG

大理石紋彩繪

使用淺色會讓紋路不明顯，
最好使用鮮明的色彩，在整
片指甲上製作紋路。

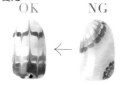

OK　　　　NG

孔雀彩繪

將彩繪至於指甲兩端，反而
會讓指甲越看越短。以直向
孔雀彩繪強調縱長。

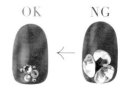

OK　　　　NG

水鑽彩繪

使用大水鑽不但外觀不佳，更
會對指甲造成負荷。在指甲根
部擺放小水鑽較為合適。

學會熟練操作美甲機後，其實非常安全！

　　美甲機只需更換磨頭，就能夠進行美甲保養、打磨和前置作業等，是用途廣泛又相當方便的道具。以美甲機進行美甲療程，不但省時省力成效佳，因此最近也有越來越多美甲沙龍引進使用。不僅如此，最近網路上也紛紛販售起價格低廉的美甲機。購買廉價品時，應該要確認實際轉數是否同於說明書上寫的轉數等事項。使用不當其實相當危險，但既然美甲技術達到可以操作美甲機的程度了，不妨買好一點的設備吧！

✕　✕　✕　✕　✕　✕

美甲機的使用方法

依照個人的目的選擇磨頭

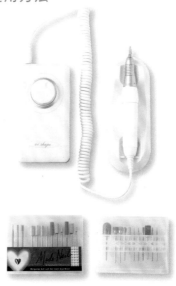

　　請依打磨或前置作業等目的，挑選磨頭安裝在機器上。以按鈕調整機器的轉速，抵在指甲上。操控機器的重點在於以正確的角度抵住指甲。若是對機器的性能一知半解，容易出現像是傷害到指甲或指緣甘皮等種種問題。

※有些美甲沙龍會定期舉辦講座，若對美甲機有興趣，建議您可以前往旁聽。

3章

塑造美麗永駐的
手部&手指
Daily Care

即使學會了彩繪或美甲技術，
若手部和手指沒有保養得宜，
還是無法發揮原本的美麗。
本篇將介紹於自家就能輕鬆進行的
手部特別保養和按摩方法。

手部&足部如何常保美麗？

手部保養&按摩的重要性

不僅要保養指甲，手部也要常保美麗

光是指甲漂亮，也不會讓整雙手看起來變漂亮。以按摩促進手部肌膚的血液循環，打造青春永駐的纖纖玉手。在忙碌的日子裡，偶爾放鬆保養一下手部，多少會為自己加分吧！雖然保養到什麼程度得視時間而定，不過在塗抹護手霜等替手部補充營養之前，先以磨砂膏去除多餘的角質，效果會更好。按摩後，建議以熱毛巾來溫暖雙手。藉由緩慢的溫暖雙手，放鬆緊繃的頭腦，迅速消除疲勞。至於熱毛巾，只要以水沾濕毛巾後，放入密封盒內，以微波爐加熱就能製作，細心呵護自己的雙手吧！

先溫暖雙手再保養手部，效果會更好。沒時間進行手浴時，於剛洗好澡時以護手霜按摩雙手也可以。至於磨砂膏，在手浴的過程中搭配使用也不錯。試著挑選出能讓自己放鬆的香味吧！

Hand
—
手部的
按摩&保養

手部保養的準備工具

手部按摩霜

手部磨砂膏
（選自己喜歡的）

毛巾

精油

一盆溫水

保濕乳霜

保鮮膜

指緣油

護手霜

STEP
進行手浴溫暖雙手 1

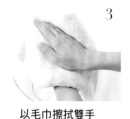
以毛巾擦拭雙手
以毛巾裹住整個雙手，猶如輕拍毛巾般將手擦乾。

浸泡並溫暖雙手
雙手浸泡5至10分鐘左右。建議使用有殺菌效果的毛巾，擦乾雙手的同時還可進行消毒。

添加精油
端一盆40℃至42℃的溫水，在水中滴入幾滴精油。

使用分量

6

5

4

手肘的角質也要保養

容易硬化的手肘也要保養。每2週以磨砂膏替手肘去一次角質。

塗抹整手

等磨砂膏變得濃稠時，就像在輕柔撫摸般塗滿雙手。

於掌心抹開

將櫻桃大小的磨砂膏抹在掌心，沾點溫水搓揉使之乳化。

使用分量

9

8

7

按摩手腕

以拇指指腹略施力道按揉來刺激肌膚，從手腕揉到手肘。

塗滿整手

按摩霜均勻塗抹雙手。取用讓肌膚滑溜的用量就OK了！

擠出按摩霜

以毛巾將磨砂膏擦乾淨後，按摩霜置於掌心溫熱。

12

11

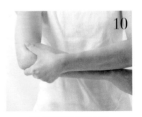
10

按壓手掌

以拇指按壓掌心。稍微用點力緊壓10次左右。

按摩手指

以手指朝手碗按推將手掌的骨頭與筋肉間隙，所有的手指進行2至3次。

以拇指按壓手肘

按到接近手肘時，以拇指按壓關節部位，左右各進行2至3次。

150

按摩手指 STEP 4

以毛巾按壓

以熱毛巾輕輕按壓按摩霜。溫熱雙手來延續保濕效果。

按摩指甲後端

將所有手指拉扯2至3次後，使用指腹以畫圓的方式按摩6至8次。

雙指夾住手指向外拉

以食指和中指夾住另一隻手的手指，從指根拉向指間。

最後塗抹護手霜 STEP 5

最後塗抹指緣油

使指緣油塗抹並深入指甲根部。打造光澤滋潤的美麗玉手！

塗抹整手

均勻推抹整手。若還有時間，以保鮮膜讓乳霜更能滲透肌膚吧！（請參考下圖）。

擠壓護手霜

將護手霜置於掌心。擠壓出櫻桃大小的分量後，充分推抹開來吧！

Check: 以保鮮膜加深滋潤程度　　　準備工具　・毛巾　・保鮮膜

以熱毛巾溫手

將步驟1的熱毛巾放在手上5分鐘，溫熱雙手讓乳霜能更加滲透肌膚。

塗抹護手霜

以喜歡的保濕乳霜和乳液充分塗抹雙手。

以保鮮膜包起毛巾

把熱毛巾放在保鮮膜上，然後包起來。

●常見的足部問題

胼胝

由於穿不合腳的鞋子，不斷壓迫摩擦腳部所形成的硬皮。使用美甲機將表面的硬皮磨掉再修整。

雞眼

足部的某部分受到壓迫，讓皮膚變得又厚又硬，伴隨疼痛的狀態。使用像美甲機等慢慢磨掉雞眼的中心核來去除雞眼。

乾裂

氣候過度乾燥使肌膚乾燥，開裂到角質層的狀態。切記要塗抹乳霜來保護皮膚。

慰勞容易疲勞的雙腳，度過健康的每一天

雙腳必需承載自己的體重，是身體最重要的器官之一，更與健康有著密不可分的關係，堪稱「第二顆心臟」。想保持足部健康，就必需意識到自己原本的姿勢和走路方式。尤其是女性穿高跟鞋的機會很多，相對足部出問題的比例也偏高，在問題惡化之前，先從自身保養開始作起吧！

於自家建議使用像是足部磨板（腳磨棒）等工具去角質。剛洗好澡角質變軟之際，記得只要去除硬皮的部分就好。也可以使用工具來刺激足部穴道，或在洗澡的時候，以紗布包纏拇指來清理。進行足部保養，同樣能夠像手部保養般輕鬆地享受到保養的樂趣。

Foot
—
足部的
按摩＆保養

足部硬化的角質，是產生異味的原因，所以適當的去角質非常重要。當問題太過嚴重時就醫固然重要，但認真保養預防更勝過治療。搭配促進血液循環的按摩，肌膚就會光滑細緻。請養成剛洗好澡就要來一段手足保養放鬆時刻的好習慣。

足部保養的準備工具

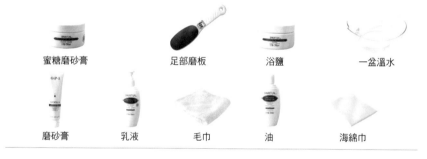

蜜糖磨砂膏　　足部磨板　　浴鹽　　一盆溫水

磨砂膏　　乳液　　毛巾　　油　　海綿巾

以足部磨板去角質

Point
足部磨板的使用方法
先使用粗面再使用細面，並注意不要打磨過度。

2 沾水再使用

磨後腳跟
足部磨板沾水後，以粗面輕輕摩擦角質堅硬部分。

1 分量為1大匙

放入浴鹽
端一盆40℃至42℃的溫水，把浴鹽加入水中，泡腳15分鐘後，把腳擦乾。

塗抹磨砂膏

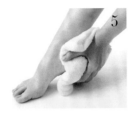

擦掉磨砂膏

以熱毛巾將磨砂膏擦乾淨。以熱水洗淨也可以。

塗抹磨砂膏

輕輕撫摸塗抹的部位。用力摩擦容易傷到皮膚，要特別留意。

將磨砂膏置於手上

將少量磨砂膏置於指尖，替足部磨棒的摩擦部位收尾。

塗抹蜜糖磨砂膏

差不多是這個分量

以保鮮膜更加滲透

當砂糖顆粒溶化掉後，以保鮮膜包腿10分鐘讓營養更滲透。

塗抹整個足部

在乳化後的磨砂膏加水搓揉，就像以水溶化砂糖般塗抹在肌膚上。

將蜜糖磨砂膏置於手上

將櫻桃大小的蜜糖磨砂膏置於手上，加點溫水使之乳化。

以海綿巾擦拭足部

砂糖溶化後會變成黏膩狀態，這時以海綿巾和熱毛巾擦拭乾淨。

也要按摩到後腳跟和膝蓋

後腳跟和膝蓋也要以手指指腹由上往下輕輕搓揉來滲透肌膚。

Point

砂糖對肌膚很溫和！

進行按摩時砂糖會溶化，不容易傷到肌膚所以推薦給大家！

以按摩油按摩 STEP 4

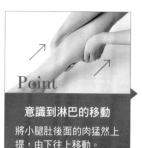

Point

意識到淋巴的移動

將小腿肚後面的肉猛然上提，由下往上移動。

12

刺激小腿肚

使用拇指從下往上推壓。對於感到舒服的部位進行重點加壓。

11

差不多是這個分量。

以油滋潤足部

取拾圓硬幣大小的油量置於手上，塗抹整條腿。

15

刺激腳趾

以拇指和食指依序握住每根腳趾頭，從趾根部拉向腳趾尖端。

14

按壓腳趾間

以手的拇指上下推拿趾根部的趾間。依序推拿趾間。

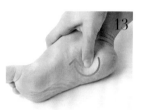

13

按壓足底弓

以拇指指腹刺激足底弓吧！以稍強的力道以畫圓的方式按壓5至6次。

最後擦乳液 STEP 5

18

塗抹整條腿

整條腿輕柔的塗抹乳液，然後同樣塗抹另一腿。

17

將乳液放在手上

最後將乳液放在手上。用量為拾圓硬幣大小的乳液按摩單腿。

16

擦掉按摩油

以熱毛巾緩緩按壓腿，將按摩油擦乾淨。

美甲用語集
Nail Glossary

彩繪甲片（Art Chip）
進行彩繪時的空白甲片。

壓克力顏料
快乾性跟防水性高的顏料。由於上述特性被廣泛使用在美甲彩繪上。最後塗抹表層護甲油和上層凝膠來保護彩繪。

壓克力夾剪（Acrylic Nipper）
修剪延甲的專用剪鉗。

壓克力指甲（Acrylic Nail）
在指甲上以水晶琺瑯粉混合水晶溶劑製作的指甲。與水晶指甲（Sculpture）同義。

水晶琺瑯粉（Acrylic Powder）
壓克力樹脂的粉末，用來製作水晶指甲。混合壓克力溶劑後稱為甲粉混合物（Mixture）。

水晶筆（Acrylic Brush）
水晶指甲用筆。

水晶溶劑（Acrylic Liquid）
壓克力樹脂的液體。與水晶琺瑯粉混合製作甲粉混合物。又被稱作壓克力單體（Acrylic Monomer）。

丙酮
去光水的主要成分。使用過後，為避免導致皮膚乾燥，一定要作好保濕。

配件組（Attachment）
美甲機使用的附屬配件。可根據用途更換。

筆刷作業（Application）
代表用筆刷進行製作延甲。

芳香療法（Aromatherapy）
以香氣調節身心的療法。

斜角彩繪筆（Angular）
修剪成斜角的彩繪平筆。

水染大理石紋（Water Marble）
在裝水的容器內滴入數種指甲油，以牙籤等工具混合，轉印圖案的彩繪技法。

濕保養（Water Manicure）
保養指尖的方法。先將手指浸泡在一盆溫水後再進行。

雞眼
角質層的中心硬化為圓錐形，侵入真皮就會引起疼痛。

指甲油稀釋液
讓指甲油變薄的液體。英文名稱為Polish Solvent、Nail Thinner、Polish Thinner等。

木推棒
以水分容易滲透的木頭製作的棒子，用途廣泛。

彩繪噴槍（Air Brush）
利用氣壓，將顏料呈現霧狀噴灑的彩繪技法。

衛生管理
為了預防疾病而保持清潔。

延甲
製作像是水晶指甲、凝膠延甲（Chip Overlay）、凝膠指甲（Gel Nail）等人工指甲。英文為Extension。

乙醇（Ethanol）
酒精沖水溶液。主要用來消毒指甲。

指甲前緣（Edge）
指甲尖端前緣部位。從這裡開始塗指彩，指彩才會漂亮又持久。

精油（Essential oil）
用於芳香療法可促進放鬆。

講師（Educator）
擁有專業知識的美甲師。本身具備充分的技術和知識的教育人員。

Enamel
在美甲用語中代表指甲油。

磨砂棒（Emery Board）
在木片上貼磨砂紙，調整指甲長度和形狀的磨棒。

浮雕美甲（Emboss Art）
以壓克力等材質，製作出有凹凸厚度的美甲造型。別名為Pukupuku Art（澎澎美甲）。

保養油
含有能培育健康指甲的必要養分的專用油。

橘木棒（Orange Wood Sticks）
以橘木製作的木推棒，特徵為耐用度和吸水性卓越。

Gauze Clean
以沾濕的紗布擦拭指甲表面的技法。

角質層
最外側的表皮。不同的身體部位，厚度也各不相同。

卸指甲油（Color Off）
將塗在指甲上的指甲油卸掉。也稱作Polish Off或Remove。

色粉（Color Powder）
在丙烯酸聚合物（Acrylic Polymers，也就是水晶溶劑）內添加顏料上色。

色彩溶劑（Color Liquid）
替丙烯酸單體（Acrylic Monomer，也就是水晶溶劑）上色的液體。

指緣油（Cuticle Oil）
用來防止指甲和周圍皮膚乾燥的專用保養油。

指甲修護霜（Cuticle Cream）
以蜜蠟、綿羊油（Lanolin）、甘油（Glycerin）為主要成分，是指甲和指甲周圍皮膚的專門保濕劑。

甘皮剪（Cuticle Nipper）
剪掉指甲上皮角質和倒刺的器具

甘皮線（Cuticle Line）
甘皮的沿線。

甘皮軟劑（Cuticle Remover）
使指甲周遭的角質軟化，方便手部保養。

Clean up
指一系列的保養。

綠指甲（Green Nail）
一種滋生於指甲的細菌。

璀璨亮粉（Glitter）
一種亮粉，猶如閃亮細砂般的美甲配件。

係數（Grid）
用來表示磨棒的顆粒粗細的單位。係數越大顆粒越細。

膠水（Glue）
指甲專用黏合劑。

膠水修補法（Glue on）
以膠水修復指甲龜裂的方法。

膠水卸除液（Glue Remover）
去除膠水的專用液。

棉花（Cotton）
主要用途為卸指甲油和消毒。

欅木棉棒（Cotton Stick）
將棉花纏繞於木棒推頭製作而成。

Side Straight
將指甲左右側緣線呈現直線。

指甲倒刺
指甲周圍的皮膚乾燥翹起的狀態。

打磨（Sanding）
為了讓指甲與凝膠等更加密合，以磨棒輕輕摩擦指甲板的表面。

水晶指甲（Sculpture）
以壓克力製作的人工指甲

C曲線（C Curve）
從指甲前端觀看指甲板所呈現的曲線。

凝膠（Gel）
凝膠狀的壓克力樹脂。使用於凝膠指甲。

凝膠指甲（Gel Nail）
塗抹凝膠，照光硬化製作而成的指甲。

凝膠清潔液（Gel Cleaner）
用來擦拭掉未硬化凝膠。也稱為Gel Cleanser。

絲綢補甲（Silk Patch）
以絲綢、膠水、修補劑、凝膠等修復龜裂指甲的技術。

絲綢修復貼片（Silk Wrap）
以絲綢、膠水、修補劑、凝膠等進行加強指甲的技術

Skin Up
為了方便美甲作業而上提指緣線。

Skin Down
為了方便美甲作業而下拉指緣線。

微笑線（Smile Line）
象徵法式彩繪的線條。

水鑽彩繪（Stone Art）
使用水鑽的美甲彩繪

3D藝術指甲（3D Nail Art）
以甲粉混合物（Mixture）製作的立體藝術美甲。

軟式磨棒（Soft File）
細顆粒的海綿狀磨棒。

絲綢（Silk）
於絲綢修復貼片（Silk Wrap）和絲綢補甲（Silk Patch）使用的絲綢製補強纖維。用來修補斷裂的指甲。

粉塵刷（Dust Brush）
清理磨甲棒所產生粉塵的刷具。

凝膠延甲（Chip Overlay）
將甲片貼在真甲前端，然後以水晶粉或凝膠覆蓋。

甲片及修補貼片（Chip&Wrap）
在甲片上覆蓋絲綢纖維和玻璃纖維的技法。

表層護甲油（Top Coat）
用來替指甲油收尾，讓指甲油看起來更光亮，效果更持久。

彩繪圓點筆（Dot Pen）
設計圓點彩繪時的專用筆。Stylus 觸控筆（不需墨水，靠按壓就能做筆記的道具）。

真甲（Nature Nail）
意指原生指甲，或靠近原生指甲的美甲彩繪。

美甲師（Nailist）
替指甲進行保養彩繪的人，也是JNA的造詞。

Nail
指甲。如今已泛指指甲彩繪本身。

指甲彩繪（Nail Art）
替指甲作設計。

指甲膠（Nail Glue）
指甲修補和配戴甲片時使用的接著劑。

Nail Condition
指甲的健康狀態。

甲片（Nail Chip）
以塑膠和樹脂製作的人工指甲。

指甲刀（Nail Nipper）
用來修剪指甲的刀刃。

指甲吊飾（Nail Pierce）
指甲用的吊飾。

指模（Nail Form）
製作延甲時，貼紙型的硬紙板。

美甲筆（Nail Brush）
用來將凝膠等均勻塗抹指甲的筆。

指甲貼片（Nail Wrap）
用來補強真甲的工具。

半甲片（Half Chip）
配戴在指甲前端的半型甲片。

珍珠（Pearl）
擁有珍珠般光澤的配件或顏色。

拋光（Buffer）
為了使指甲表面變滑溜的磨甲所使用的液體。也有不含酸性的接合劑。

指甲碎屑（Burr）
打磨指甲板時殘留的角質。

護手霜（Hand Cream）
用來保濕手部的乳霜。

Brush Down
以指甲油刷頭清除指甲周遭的油分和髒汙。

光聚合
凝膠凝固時的結構。一旦照射到紫外線和鹵素燈，凝膠溶劑就會產生硬化反應。

修甲（Filing）
以磨砂棒和磨棒修整指甲形狀。

磨棒（File）
修整指甲的長度和形狀使用的棒銼刀。

補甲粉（Filler）
增加厚度、提昇指甲強度的粉，填補指甲溝的時候使用。

Fill In
修補延甲浮起，或指甲長長所形成的高低落差。

Push up
上推指緣甘皮。

Foot Care
足部保養。

接合劑（Primer）
為了提高指甲與壓克力的密合度所使用的液體。也有不含酸性的接合劑。

美甲彩珠（Bullion）
小圓珠美甲配飾。

全甲片（Full Chip）
覆蓋整個指甲板的甲片。

前置作業（Preparation）
將凝膠、指甲油、壓克力等塗抹在指甲前的事前準備。進行修甲、指緣甘皮保養、打磨等，徹底去除指甲的油分和水分。

防潮平衡劑（Pre-Primer）
以去除水分、油分而塗抹的液體。用於指甲上色前。與用來提高指甲與壓克力密合度的接合劑，用途並不相同。

補強真甲（Floater）
以延長真甲的材料，在不增長的情況下補強指甲。

顏料彩繪（Painting Art）
以壓克力顏料平面指甲彩繪。

基礎護甲油（Base Coat）
保護指甲，防止色素沉澱的打底劑

尖形（Point）
一種修甲形狀。

保濕
給予指甲和皮膚油分和水分。

Polish
從英文「研磨」的單字引申而來。代表可上色指甲，製作有光澤皮膜的液體。亦稱作Nail Enamel、Nail Lacue、Manicure。

去光水（Polish Romver）
用來卸除指甲油的溶劑。卸甲液。

Polymer
就是水晶瑯粉。與水晶溶劑混合製作成指甲。

大理石紋彩繪（Marble Art）
以指甲油等進行複數以上混色所作的彩繪技法。

指甲貼彩繪（Masking Art）
利用版型貼紙來設計彩繪

指甲貼（Masking Sheet）
進行指甲貼彩繪時用的版型貼紙。

Manicure
與Polish同義均是指甲油，代表妝點指甲和手指。現在也有塗抹Polish的意思。

甲粉混合物（Mixture）
壓克力溶劑和水晶瑯粉混合形成的物質。可用來製作3D配件。

甲粉彩繪（Mixture Art）
以甲粉混合物製作的指甲彩繪。

金屬推棒（Metal Pusher）
金屬製的推棒。上推指緣甘皮和甲上皮角質時使用。

去除油分
以酒精等拭去指甲板的油分。

水鑽（Light Stone）
水晶製和壓克力製的小寶石，裝飾用的美甲配件。

Lacque
與Polish同義。過去使用油漆（Lacque）來製造指甲油。本詞引申自會產生分泌物的昆蟲介殼蟲（Coccoidea）。

補甲油（Ridge Filler）
在基礎護甲油的成分內，添加絲綢等纖維製作的粉末。具黏性，保護指甲的能力優異。

Lift
剝離（Lifting）。意指凝膠等塗料從指甲板上浮起。

指甲修復（Repair）
泛指所有的指甲修補。也代表上色後，修正潤飾新生的指甲。

Resin
透明樹脂。在美甲業界被視為黏著劑，用於指甲修復&甲片&貼片修補的黏接。

卸甲棉片（Wipe）
於凝膠指甲完成時，用來拭去未硬化凝膠。有時紗布也會被稱為Wipe。

※參考文獻：NPO法人 日本美甲師協會『JNA Technical System Basic』

協助名單一覽

Beauty Nailer株式會社
▷06-6264-7281

TAT株式會社 ▷0120-59-1270

Nail Labo株式會社 ▷03-5914-0409

RMK ▷0120-988-271

國家圖書館出版品預行編目資料

自學OK!初學者的第一本美甲教科書/兼光アキ子
監修；亞緋琉譯. – 三版. – 新北市：雅書堂文化
事業有限公司, 2023.03
　面；　公分. – (Fashion Guide美妝書；6)
ISBN 978-986-302-665-5(平裝)

1.CST: 指甲 2.CST: 美容

425.6　　　　　　　　　　112002274

Profile

兼光アキ子
（KANEMITSU AKIKO）

美甲沙龍「VIENSVIENS」的負責人。
VTC技術中心負責人・NPO法人日本美
甲師協會 本部認定常駐講師。除了擔
任競賽的評審委員之外，也致力於新
手美甲師的技術提昇和培育。1995年
在廣尾開設第一家美甲沙龍店，擴展
至今已有 5家店鋪。

Fashion guide 美妝書 06

自學OK！初學者的第一本美甲教科書（熱銷版）

監　　修／兼光アキ子
譯　　者／亞緋琉
發 行 人／詹慶和
執行編輯／黃璟安・蔡毓玲
編　　輯／劉蕙寧・陳姿伶
執行美編／陳麗娜
美術編輯／周盈汝・韓欣恬

出版者／雅書堂文化事業有限公司
發行者／雅書堂文化事業有限公司
郵政劃撥帳號／18225950
戶名／雅書堂文化事業有限公司
地址／新北市板橋區板新路206號3樓
電話／(02)8952-4078
傳真／(02)8952-4084
網址／www.elegantbooks.com.tw
電子信箱／elegant.books@msa.hinet.net

2023年03月三版一刷　定價 380元

KORE ISSATSU DE WAKARU NAIL CARE&NAIL ART NO KIHON
supervised by Akiko Kanemitsu
Copyright© 2014 Akiko Kanemitsu
All rights reserved.
Original Japanese edition pubished by Mynavi Corporation.
This Traditional Chinese edition is published by arrangement with
Mynavi Corporation, Tokyo incare of Tuttle-Mori Agency, Inc., Tokyo
through Keio Cultural Enterprise CO., LTD., New Taipei City

經銷／易可數位行銷股份有限公司
地址／新北市新店區寶橋路235巷6弄3號5樓
電話／(02)8911-0825　傳真／(02)8911-0801

監修・兼光アキ子 老師的
美甲沙龍＆學院

VIENSVIENS 廣尾本店

注重最基本的指甲保養，配合季節
和時下流行推出的美甲範例也相當
豐富。除了手部、足部以外，更包
含充實的療程項目。（其他還有
Merveilleux店・自由之丘店・原宿
店・銀座店5家店鋪擴店中。）

地址：東京都渋谷区広尾5-14-14
HP：http://www.viensviens.com/tc
營業時間：11：00～20：00
公休日：週二

VTC技術中心

從初學者成為美甲師，修習美甲儀器
的理論和技術的講座型通學制學院。
引進美甲儀器加速美甲沙龍作業，於
全國展開美甲儀器的實踐性計畫。

住所：東京都渋谷区広尾5-16-11-201
HP：http://viensviens.com/tc
營業時間：11：00 ～ 20：00

Staff
撮影　柴田 愛子（STUDIO DUNK）
插圖　二平 瑞樹
設計　八木 孝枝・長澤 里紀（STUDIO DUNK）
造型　露木 藍（STUDIO DUNK）
甲片製作・協助攝影
　　　牧岡 麗子・森 幸恵（VIENSVIENS）
編輯　伊達 砂丘（STUDIO PORTO）
　　　上村絵美
企劃・編輯　佐藤 望

BASIC ITEM

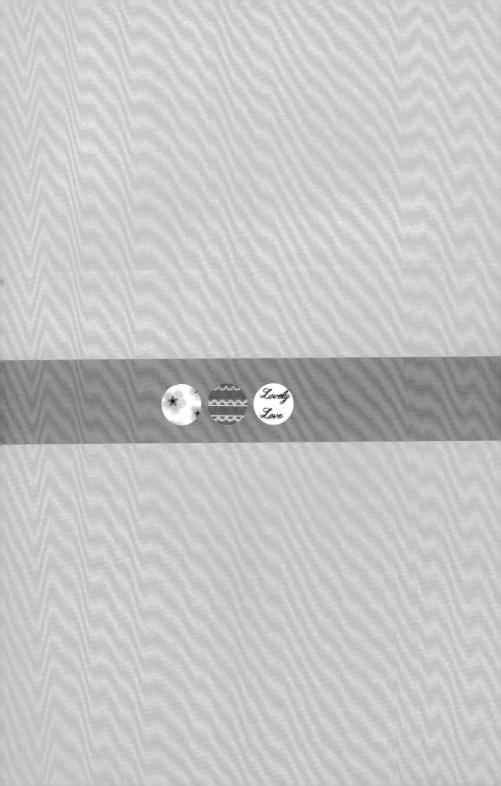

Basic Nail Care and Nail Art

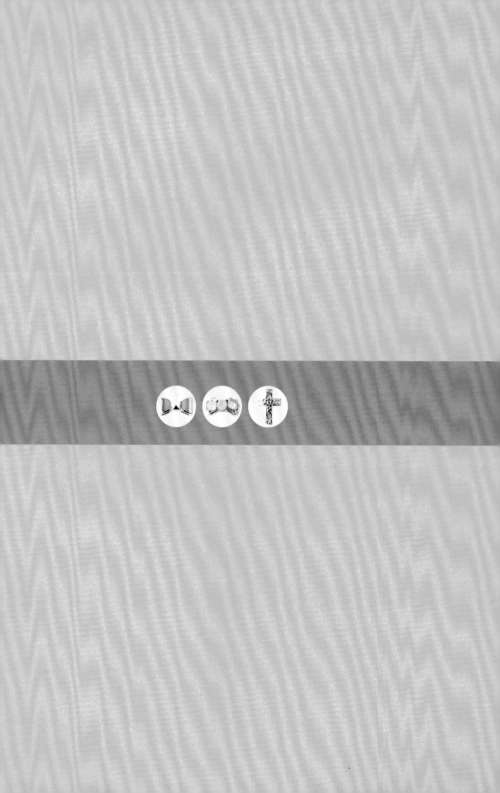